안쌤의
STEAM
+창의사고력
과학 100제

초등 **4**학년

시대에듀

안쌤의
STEAM
+ 창의사고력
과학 100제

초등 4학년

안쌤
영재교육연구소

안쌤 영재교육연구소 학습 자료실
샘플 강의와 정오표 등 여러 가지 학습 자료를 확인하세요~!

이 책을 펴내며

초등학교 과정에서 과학은 수학과 영어에 비해 관심을 적게 받기 때문에 과학을 전문으로 가르치는 학원도 적고 강의 또한 많이 개설되지 않는다. 이런 상황에서 과학은 어렵고, 배우기 힘든 과목이 되어가고 있다. 특히 수도권을 제외한 지역에서 양질의 과학 교육을 받는 것은 매우 힘든 일임이 분명하다. 그래서 지역에 상관없이 전국의 학생들이 질 좋은 과학 수업을 받을 수 있도록 창의사고력 과학 특강을 실시간 강의로 진행하게 되었고, '안쌤 영재교육연구소' 카페를 통해 강의를 진행하면서 많은 학생이 과학에 대한 흥미와 재미를 더해가는 모습을 보게 되었다. 더불어 20년이 넘는 시간 동안 많은 학생이 영재교육원에 합격하는 모습을 지켜볼 수 있는 영광을 얻기도 했다.

영재교육원 시험에 출제되는 창의사고력 과학 문제들은 대부분 실생활에서 볼 수 있는 현상을 과학적으로 '어떻게 설명할 수 있는지', '왜 그런 현상이 일어나는지', '어떻게 하면 그런 현상을 없앨 수 있는지' 등의 다양한 접근을 통해 해결해야 한다. 이러한 과정을 통해 창의사고력을 키울 수 있고, 문제해결력을 향상시킬 수 있다. 직접 배우고 가르치는 과정 속에서 과학은 세상을 살아가는 데 매우 중요한 학문이며, 꼭 어렸을 때부터 배워야 하는 과목이라는 것을 알게 되었다. 과학을 통해 창의사고력과 문제해결력이 향상된다면 학생들은 어려운 문제나 상황에 부딪혔을 때 포기하지 않을 것이며, 그 문제나 상황이 발생된 원인을 찾고 분석하여 해결하려고 노력할 것이다. 이처럼 과학은 공부뿐만 아니라 인생을 살아가는 데 있어 매우 중요한 역할을 한다.

이에 (주)시대에듀와 함께 다년간의 강의와 집필 과정에서의 노하우를 담은 『안쌤의 STEAM + 창의사고력 과학 100제』 시리즈를 집필하여 영재교육원을 대비하는 대표 교재를 출간하고자 한다. 이 교재는 어렵게 생각할 수 있는 과학 문제에 재미있는 그림을 연결하여 흥미를 유발했고, 과학 기사와 실전 문제를 융합한 '창의사고력 실력다지기' 문제를 구성했다. 마지막으로 실제 시험 유형을 확인할 수 있도록 영재교육원 기출문제를 정리해 수록했다.

이 교재와 안쌤 영재교육연구소 카페의 다양한 정보를 통해 많은 학생들이 과학에 더 큰 관심을 갖고, 자신의 꿈을 키우기 위해 노력하며 행복하게 살아가길 바란다.

안쌤 영재교육연구소 대표 **안재범**

영재교육원에 대해 궁금해하는 Q&A

영재교육원 대비로 가장 많이 문의하는 궁금증 리스트와 안쌤의 속~ 시원한 답변 시리즈

No.1 안쌤이 생각하는 대학부설 영재교육원과 교육청 영재교육원의 차이점

Q 어느 영재교육원이 더 좋나요?

A 대학부설 영재교육원이 대부분 더 좋다고 할 수 있습니다. 대학부설 영재교육원은 대학 교수님 주관으로 진행하고, 교육청 영재교육원은 영재 담당 선생님이 진행합니다. 교육청 영재교육원은 기본 과정, 대학부설 영재교육원은 심화 과정, 사사 과정을 담당합니다.

Q 어느 영재교육원이 들어가기 쉽나요?

A 대부분 대학부설 영재교육원이 더 합격하기 어렵습니다. 대학부설 영재교육원은 9~11월, 교육청 영재교육원은 11~12월에 선발합니다. 먼저 선발하는 대학부설 영재교육원에 대부분의 학생들이 지원하고 상대평가로 합격이 결정되므로 경쟁률이 높고 합격하기 어렵습니다.

Q 선발 요강은 어떻게 다른가요?

A

대학부설 영재교육원은 대학마다 다양한 유형으로 진행이 됩니다.	교육청 영재교육원은 지역마다 다양한 유형으로 진행이 됩니다.
1단계 서류 전형으로 자기소개서, 영재성 입증자료 **2단계** 지필평가 　　　(창의적 문제해결력 평가(검사), 영재성판별검사, 　　　창의력검사 등) **3단계** 심층면접(캠프전형, 토론면접 등) ※ 지원하고자 하는 대학부설 영재교육원 요강을 꼭 확인해 주세요.	GED 지원단계 자기보고서 포함 여부 **1단계** 지필평가 　　　(창의적 문제해결력 평가(검사), 영재성검사 등) **2단계** 면접 평가(심층면접, 토론면접 등) ※ 지원하고자 하는 교육청 영재교육원 요강을 꼭 확인해 주세요.

No.2 교재 선택의 기준

Q 현재 4학년이면 어떤 교재를 봐야 하나요?

A 교육청 영재교육원은 선행 문제를 낼 수 없기 때문에 현재 학년에 맞는 교재를 선택하시면 됩니다.

Q 현재 6학년인데, 중등 영재교육원에 지원합니다. 중등 선행을 해야 하나요?

A 현재 6학년이면 6학년과 관련된 문제가 출제됩니다. 중등 영재교육원이라 하는 이유는 올해 합격하면 내년에 중학교 1학년이 되어 영재교육원을 다니기 때문입니다.

Q 대학부설 영재교육원은 수준이 다른가요?

A 대학부설 영재교육원은 대학마다 다르지만 1~2개 학년을 더 공부하는 것이 유리합니다.

No.3 지필평가 유형 안내

Q 영재성검사와 창의적 문제해결력 검사는 어떻게 다른가요?

A 과거

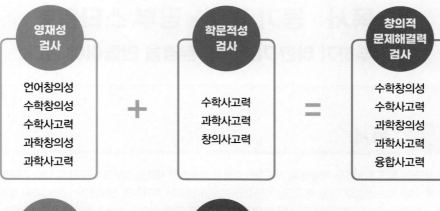

영재성 검사		학문적성 검사		창의적 문제해결력 검사
언어창의성 수학창의성 수학사고력 과학창의성 과학사고력	+	수학사고력 과학사고력 창의사고력	=	수학창의성 수학사고력 과학창의성 과학사고력 융합사고력

현재

영재성 검사	창의적 문제해결력 검사
일반창의성 수학창의성 수학사고력 과학창의성 과학사고력	수학창의성 수학사고력 과학창의성 과학사고력 융합사고력

지역마다 실시하는 시험이 다릅니다.
서울: 창의적 문제해결력 검사
부산: 창의적 문제해결력 검사(영재성검사＋학문적성검사)
대구: 창의적 문제해결력 검사
대전＋경남＋울산: 영재성검사, 창의적 문제해결력 검사

 No.4 영재교육원 대비 파이널 공부 방법

Step1 자기인식

자가 채점으로 현재 자신의 실력을 확인해 주세요. 남은 기간 동안 효율적으로 준비하기 위해서는 현재 자신의 실력을 확인해야 합니다. 기간이 많이 남지 않았다면 빨리 지필평가에 맞는 교재를 준비해 주세요.

Step2 답안 작성 연습

지필평가 대비로 가장 중요한 부분은 답안 작성 연습입니다. 모든 문제가 서술형이라서 아무리 많이 알고 있고, 답을 알더라도 답안을 제대로 작성하지 않으면 점수를 잘 받을 수 없습니다. 꼭 답안 쓰는 연습을 해 주세요. 자가 채점이 많은 도움이 됩니다.

안쌤이 생각하는
자기주도형 과학 학습법

변화하는 교육정책에 흔들리지 않는 것이 자기주도형 학습법이 아닐까?
입시 제도가 변해도 제대로 된 학습을 한다면 자신의 꿈을 이루는 데 걸림돌이 되지 않는다!

독서 ▶ 동기 부여 ▶ 공부 스타일로
공부하기 위한 기본적인 환경을 만들어야 한다.

1단계 독서

'빈익빈 부익부'라는 말은 지식에도 적용된다. 기본적인 정보가 부족하면 새로운 정보도 의미가 없지만, 기본적인 정보가 많으면 새로운 정보를 의미 있는 정보로 만들 수 있고, 기본적인 정보와 연결해 추가적인 정보(응용·창의)까지 쌓을 수 있다. 그렇기 때문에 먼저 기본적인 지식을 쌓지 않으면 아무리 열심히 공부해도 과학 과목에서 높은 점수를 받기 어렵다. 기본적인 지식을 많이 쌓는 방법으로는 독서와 다양한 경험이 있다. 그래서 입시에서 독서 이력과 창의적 체험활동(www.neis.go.kr)을 보는 것이다.

2단계 동기 부여

인간은 본인의 의지로 선택한 일에 책임감이 더 강해지므로 스스로 적성을 찾고 장래를 선택하는 것이 가장 좋다. 스스로 적성을 찾는 방법은 여러 종류의 책을 읽어서 자기가 좋아하는 관심 분야를 찾는 것이다. 자기가 원하는 분야에 관심을 갖고 기본 지식을 쌓다 보면, 쌓인 기본 지식이 학습과 연관되면서 공부에 흥미가 생겨 점차 꿈을 이루어 나갈 수 있다. 꿈과 미래가 없이 막연하게 공부만 하면 두뇌의 반응이 약해진다. 그래서 시험 때까지만 기억하면 그만이라고 생각하는 단순 정보는 시험이 끝나는 순간 잊어버린다. 반면 중요하다고 여긴 정보는 두뇌를 강하게 자극해 오래 기억된다. 살아가는 데 꿈을 통한 동기 부여는 학습법 자체보다 더 중요하다고 할 수 있다.

3단계 공부 스타일

공부하는 스타일은 학생마다 다르다. 예를 들면, '익숙한 것을 먼저 하고 익숙하지 않은 것을 나중에 하기', '쉬운 것을 먼저 하고 어려운 것을 나중에 하기', '좋아하는 것을 먼저 하고, 싫어하는 것을 나중에 하기' 등 다양한 방법으로 공부를 하다 보면 자신에게 맞는 공부 스타일을 찾을 수 있다. 자신만의 방법으로 공부를 하면 성취감을 느끼기 쉽고, 어떤 일이든지 자신 있게 해낼 수 있다.

어느 정도 기본적인 환경을 만들었다면
이해 - 기억 - 복습의 자기주도형 3단계 학습법으로
창의적 문제해결력을 키우자.

1단계 　이해

단원의 전체 내용을 쭉 읽어본 뒤, 개념 확인 문제를 풀면서 중요 개념을 확인해 전체적인 흐름을 잡고 내용 간의 연계(마인드맵 활용)를 만들어 전체적인 내용을 이해한다.

개념을 오래 고민하고 깊이 이해하려 하는 습관은 스스로에게 질문하는 것에서 시작된다.

[이게 무슨 뜻일까? / 이건 왜 이렇게 될까? / 이 둘은 뭐가 다르고, 뭐가 같을까? / 왜 그럴까?]

막히는 문제가 있으면 먼저 머릿속으로 생각하고, 끝까지 이해가 안 되면 답지를 보고 해결한다. 그래도 모르겠으면 여러 방면 (관련 도서, 인터넷 검색 등)으로 이해될 때까지 찾아보고, 그럼에도 이해가 안 된다면 선생님께 여쭤 보라. 이런 과정을 통해서 스스로 문제를 해결하는 능력이 키워진다.

2단계 　기억

암기해야 하는 부분은 의미 관계를 중심으로 분류해 전체 내용을 조직한 후 자신의 성격이나 환경에 맞는 방법, 즉 자신만의 공부 스타일로 공부한다. 이때 노력과 반복이 아닌 흥미와 관심으로 시작하는 것이 중요하다. 그러나 흥미와 관심만으로는 힘들 수 있기 때문에 단원과 관련된 과학 개념이 사회 현상이나 기술을 설명하기 위해 어떻게 활용되고 있는지를 알아보면서 자연스럽게 다가가는 것이 좋다.

그리고 개념 이해를 요구하는 단원은 기억 단계를 필요로 하지 않기 때문에 이해 단계에서 바로 복습 단계로 넘어가면 된다.

3단계 　복습

과학에서의 복습은 여러 유형의 문제를 풀어 보는 것이다. 이렇게 할 때 교과서에 나온 개념과 원리를 제대로 이해할 수 있을 것이다. 기본 교재(내신 교재)의 문제와 심화 교재(창의사고력 교재)의 문제를 풀면서 문제해결력과 창의성을 키우는 연습을 한다면 과학에서 좋은 점수를 받을 수 있을 것이다.

마지막으로 과목에 대한 흥미를 바탕으로 정서적으로 안정적인 상태에서 낙관적인 태도로 자신감 있게 공부하는 것이 가장 중요하다.

안쌤 영재교육연구소 대표 **안 재 범**

안쌤이 생각하는
영재교육원 대비 전략

1. 학교 생활 관리: 담임교사 추천, 학교장 추천을 받기 위한 기본적인 관리
- 교내 각종 대회 대비 및 창의적 체험활동(www.neis.go.kr) 관리
- 독서 이력 관리: 교육부 독서교육종합지원시스템 운영

2. 흥미 유발과 사고력 향상: 학습에 대한 흥미와 관심을 유발
- 퍼즐 형태의 문제로 흥미와 관심 유발
- 문제를 해결하는 과정에서 집중력과 두뇌 회전력, 사고력 향상

▲ 안쌤의 사고력 수학 퍼즐 시리즈 (총 14종)

3. 교과 선행: 학생의 학습 속도에 맞춰 진행
- '교과 개념 교재 ➡ 심화 교재'의 순서로 진행
- 현행에 머물러 있는 것보다 학생의 학습 속도에 맞는 선행 추천

4. 수학, 과학 과목별 학습
- 수학, 과학의 개념을 이해할 수 있는 문제해결

▲ 안쌤의 STEAM + 창의사고력
수학 100제 시리즈

(초등 1, 2, 3, 4, 5, 6학년)

▲ 안쌤의 STEAM + 창의사고력
과학 100제 시리즈

(초등 1, 2, 3, 4, 5, 6학년)

5. 융합사고력 향상
- 융합사고력을 향상시킬 수 있는 문제해결로 구성

◀ 안쌤의 수 · 과학 융합 특강

6. 지원 가능한 영재교육원 모집 요강 확인
- 지원 가능한 영재교육원 모집 요강을 확인하고 지원 분야와 전형 일정 확인
- 지역마다 학년별 지원 분야가 다를 수 있음

7. 지필평가 대비
- 평가 유형에 맞는 교재 선택과 서술형 답안 작성 연습 필수

▲ 영재성검사 창의적 문제해결력
모의고사 시리즈
(초등 3~4, 5~6, 중등 1~2학년)

▲ SW 정보영재 영재성검사
창의적 문제해결력 모의고사 시리즈
(초등 3~4, 초등 5~중등 1학년)

8. 탐구보고서 대비
- 탐구보고서 제출 영재교육원 대비

◀ 안쌤의 신박한 과학 탐구보고서

9. 면접 기출문제로 연습 필수
- 면접 기출문제와 예상문제에 자신만의 답변을 글로 정리하고, 말로 표현하는 연습 필수

◀ 안쌤과 함께하는 영재교육원 면접 특강

안쌤 영재교육연구소
수학 · 과학 학습 진단 검사

수학 · 과학 학습 진단 검사란?

수학 · 과학 교과 학년이 완료되었을 때 개념이해력, 개념응용력, 창의력, 수학사고력, 과학탐구력, 융합사고력 부분의 학습이 잘 되었는지 진단하는 검사입니다.

영재교육원 대비를 생각하시는 학부모님과 학생들을 위해, 수학 · 과학 학습 진단 검사를 통해 영재교육원 대비 커리큘럼을 만들어 드립니다.

검사지 구성

과학 13문항	• 다답형 객관식 8문항 • 창의력 2문항 • 탐구력 2문항 • 융합사고력 1문항	
수학 20문항	• 수와 연산 4문항 • 도형 4문항 • 측정 4문항 • 확률/통계 4문항 • 규칙/문제해결 4문항	

수학 · 과학 학습 진단 검사 진행 프로세스

신청
안쌤 영재교육연구소
카카오톡으로 신청
2만 원

발송
수학 · 과학
진단 검사지
택배 발송

진행
90분간
검사 진행

채점
채점 후 결과지를
메일과 카카오톡으로
발송

검사 종료 후
카카오톡으로 말씀해
주시면 연구소에서
택배 회수

로드맵과 함께
교재 선택 및 학습법
안내 상담

수학 · 과학 학습 진단 학년 선택 방법

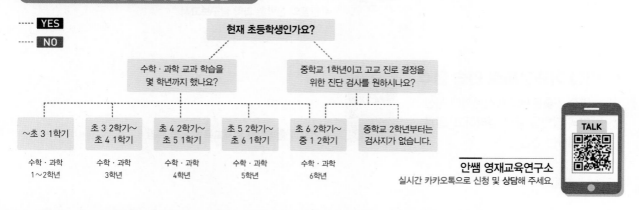

----- YES
----- NO

현재 초등학생인가요?

수학 · 과학 교과 학습을
몇 학년까지 했나요?

중학교 1학년이고 고교 진로 결정을
위한 진단 검사를 원하시나요?

~초 3 1학기	초 3 2학기~ 초 4 1학기	초 4 2학기~ 초 5 1학기	초 5 2학기~ 초 6 1학기	초 6 2학기~ 중 1 2학기	중학교 2학년부터는 검사지가 없습니다.
수학 · 과학 1~2학년	수학 · 과학 3학년	수학 · 과학 4학년	수학 · 과학 5학년	수학 · 과학 6학년	

TALK

안쌤 영재교육연구소
실시간 카카오톡으로 신청 및 상담해 주세요.

이 책의 구성과 특징

· 창의사고력 실력다지기 100제 ·

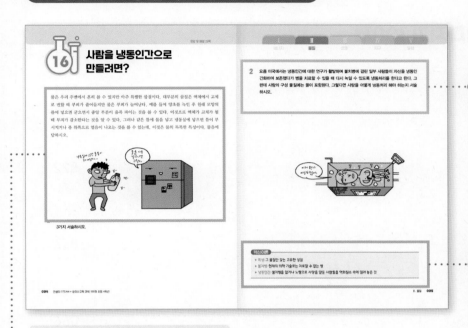

각 영역의 대표 실전 유형문제와 창의사고력 문제로 구성

반드시 필요한 핵심이론과 어렵고 생소한 용어 풀이

실생활에서 접할 수 있는 이야기, 실험,
신문기사 등을 이용해 흥미 유발

· 영재성검사 창의적 문제해결력 평가 기출문제 ·

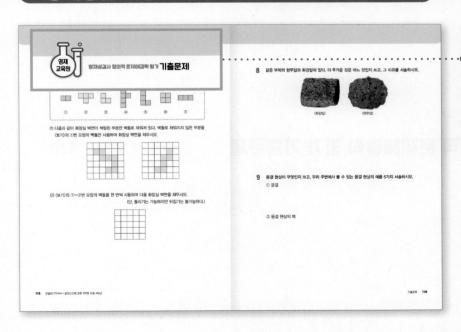

• 교육청 · 대학 · 과학고 부설
  영재교육원 영재성검사, 창
  의적 문제해결력 평가 최신
  기출문제 수록
• 영재교육원 선발 시험의 문
  제 유형과 출제 경향 예측

이 책의 차례

창의사고력 실력다지기 100제

Ⅰ 에너지 · 001

Ⅱ 물질 · 022

Ⅲ 생명 · 044

Ⅳ 지구 · 066

Ⅴ 융합 · 088

영재성검사 창의적 문제해결력 평가 기출문제   110

I

에너지

01 마카로니로 배우는 잠수함의 원리

02 움직임이 다른 양초 공

03 용수철이 늘어나는 이유

04 가짜 황금 동전을 찾아라!

05 당근으로 배우는 무게중심

06 연우의 어깨를 누르는 힘의 크기는?

07 햇빛에 비친 먼지들

08 높이에 따른 비행기 그림자의 변화

09 1 kg의 쌀 한 봉지를 만드는 방법

10 광원에 따른 그림자의 위치와 밝기

01 마카로니로 배우는 잠수함의 원리

영묵이는 잠수함의 원리를 알기 위해 다음과 같이 실험을 설계했다. 물음에 답하시오.

실험 과정

㉠ 유리잔에 소다를 두 스푼 정도 넣는다.

㉡ 유리잔에 물을 $\frac{2}{3}$ 정도 채운다.

㉢ 유리잔에 마카로니 2~3개를 넣는다.

㉣ 유리잔에 식초를 넣는다.

㉤ 마카로니의 표면과 움직임을 관찰한다.

㉥ 사이다에 마카로니를 넣어 비교해 본다.

1 ㉤에서 마카로니의 표면에 기포가 생겼다. 이 기포는 무엇인지 쓰시오.

2 ㉤과 ㉥에서 마카로니의 움직임은 어떻게 되는지 쓰고, 그 이유를 서술하시오.

3 영목이가 왼쪽 실험을 통해 알고자 했던 잠수함의 원리를 서술하시오.

▶ 거품: 액체가 기체를 머금고 부풀어서 생긴 속이 빈 방울

▶ 소다: 탄산수소나트륨이라 하며 베이킹파우더, 세척제, 제산제(속이 쓰릴 때 먹는 약)로 쓰인다.

02 움직임이 다른 양초 공

생일을 맞은 민규는 가족들과 함께 생일 케이크에 촛불을 켜고 축하를 받았다. 촛불을 끄고 케이크를 잘라 나눠 먹으려고 했더니, 초가 녹아 흐른 촛농이 굳어 있었다. 촛농이 빨리 굳은 것을 본 민규는 양초를 이용하여 할 수 있는 실험을 다음과 같이 설계했다. 물음에 답하시오.

실험 과정

㉠ 양초에 불을 붙여 촛농을 유리판 위에 모은다.

㉡ 유리판 위에 적당량이 모였을 때 자로 긁어서 촛농을 떼어낸다.

㉢ 모은 촛농을 손바닥으로 둥글게 굴리면서 둥근 공을 2개 만든다. 이때, 촛농이 뜨거우므로 화상을 대비해 장갑을 끼도록 한다.

㉣ 비커 2개에 같은 양의 에틸알코올과 물을 각각 넣는다.

㉤ 양초로 만든 공 2개를 각각 비커 5 cm의 높이에서 떨어뜨린다.

1 ㉤에서 비커 (가), (나)에 있는 공의 움직임을 각각 서술하시오.

2 문제 1과 같이 공의 움직임이 나타나는 이유를 서술하시오.

핵심이론

▶ 촛농: 초가 녹아 다시 굳어진 것

▶ 밀도: 물체의 가볍고 무거운 정도

▶ 에틸알코올: 에탄올이라고도 하며 술의 주성분으로 쓰인다.

03 용수철이 늘어나는 이유

그림 (가)와 같이 용수철 끝에 추를 매달아 보았더니 용수철이 10 cm 늘어났다. 그림 (나)와 같이 무게가 같은 추 2개를 용수철의 양쪽 끝에 매달았다. 물음에 답하시오.

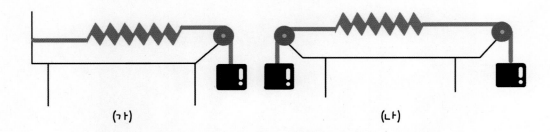

(가)   (나)

1　　그림 (나)의 용수철이 늘어난 길이는 몇 cm인지 쓰시오.

2 문제 1과 같이 생각한 이유를 서술하시오.

04 가짜 황금 동전을 찾아라!

민호는 양팔저울을 이용한 문제를 해결하려고 한다. 물음에 답하시오.

1 같은 크기의 황금 동전이 9개 있다. 이 중에는 가짜 황금 동전이 하나 있다. 이 가짜 황금 동전은 진짜 황금 동전보다 약간 가볍다고 한다. 다음과 같은 양팔저울을 이용하여 가짜 황금 동전을 찾으려고 한다. 양팔저울을 가장 적게 사용하는 방법은 몇 번인지 쓰고, 그 방법을 서술하시오.

2 이번에는 같은 크기의 황금 동전이 8개 있다. 이 중에는 가짜 황금 동전이 하나 있는데 이 가짜 황금 동전은 진짜 황금 동전보다 약간 무겁다고 한다. 양팔저울을 이용하여 가짜 황금 동전을 찾을 때 양팔저울을 가장 적게 사용하는 방법은 몇 번인지 쓰고, 그 방법을 서술하시오.

핵심이론

▶양팔저울: 팔 모양의 긴 막대 끝에 접시가 아래로 매달려 있고 막대의 가운데에 받침대가 붙어 있는 저울

05 당근으로 배우는 무게중심

무게중심은 모든 물체에 있으며 무게중심이 위쪽에 있을수록 불안정하고 아래쪽에 있을수록 안정감이 있다. 다음은 실과 당근을 가지고 무게중심을 찾는 실험이다. 물음에 답하시오.

1 당근에 실을 묶어 무게중심을 찾는 방법을 서술하시오.

2 문제 1에서 찾은 무게중심을 손가락으로 받쳐 보면 어떻게 되는지 쓰고, 그 이유를 서술하시오.

3 무게중심인 곳을 칼로 잘라 양팔저울의 양쪽 접시에 각각 1개씩 놓는다면 양팔저울은 어떻게 되는지 쓰고, 그 이유를 서술하시오.

핵심이론

▶ 물체의 무게중심을 찾으면 무게중심에서 수평을 이룬다.

연우의 어깨를 누르는 힘의 크기는?

재우와 연우가 다음 그림 (가)와 같이 체중계 위에 올라서서 각각 측정한 몸무게는 45 kg중, 35 kg중이었다. 그림 (나)와 같이 재우가 손으로 연우의 어깨를 일정한 힘으로 누르고 있을 때 체중계 눈금이 같아졌다. 물음에 답하시오.

(가)   (나)

1 재우의 손이 연우의 어깨를 누르는 힘의 크기를 구하시오.

2   그림 (가)와 그림 (나)에서 재우에게 작용하는 중력의 크기를 비교하시오.

3   그림 (가)와 그림 (나)에서 두 체중계의 눈금의 합을 비교하시오.

핵심이론

▶ 체중계: 몸무게를 재는 데 쓰는 저울

▶ 중력: 지구 위의 물체가 지구 중심으로부터 받는 힘으로, 지구와 물체 사이의 만유인력과 지구의 자전에 따른 물체의 구심력을 합한 힘이다. 그 크기는 지구 위의 장소에 따라 다소 차이가 나며, 적도 부근이 가장 작다.

햇빛에 비친 먼지들

맑은 날 아침이면 동쪽으로 난 창문을 통해 들어오는 햇빛을 볼 수 있지만, 이 햇빛에 비친 먼지들도 볼 수 있다. 그래서 방에 먼지가 많다는 것을 알게 되기도 한다. 이것은 우리 눈이 물체에 부딪혀 반사되어 오는 빛을 통해 사물을 보기 때문이다. 물음에 답하시오.

1 평상시에는 잘 보이지 않던 먼지들이 왜 햇빛이 창문으로 들어올 때는 잘 보이는지 그 이유를 서술하시오.

2 문제 1과 같은 원리로 우리 주위에서 볼 수 있는 현상을 3가지 서술하시오.

08 높이에 따른 비행기 그림자의 변화

다음 그림과 같이 모양과 크기가 같은 두 대의 비행기가 같은 시각에 비행기 A는 활주로 상공 200 m에서 수평으로 날고 있고, 비행기 B는 활주로 위에 있다. 물음에 답하시오.

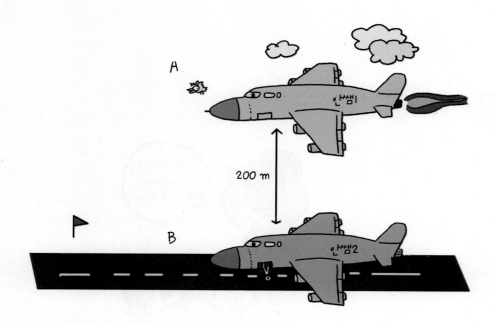

1 두 비행기 A, B에 의해 지면에 생기는 그림자의 크기와 진하기를 비교해 서술하시오.

• 그림자의 크기:

• 그림자의 진하기:

2 문제 1과 같이 생각한 이유를 서술하시오.

• 그림자의 크기:

• 그림자의 진하기:

그림자
크기가...

09 1kg의 쌀 한 봉지를 만드는 방법

현종이는 1kg의 쌀을 봉지에 담으려고 한다. 마침 집에는 어머니가 사 놓으신 1kg의 설탕 한 봉지가 있었다. 물음에 답하시오.

1 다음 그림과 같은 양팔저울과 1kg의 설탕 한 봉지만을 이용하여 1kg의 쌀 한 봉지를 만드는 방법을 2가지 서술하시오. (단, 양팔저울의 중심축은 고정되어 있다.)

2 양팔저울의 중심축이 고정되어 있지 않을 경우 양팔저울과 1 kg의 설탕 한 봉지만을 이용하여 1 kg의 쌀 한 봉지를 만드는 방법을 서술하시오.

핵심이론

▶ 수평잡기의 원리(나무 토막을 이용한 경우)

(왼쪽 나무 토막의 수)×(받침대로부터의 거리)

=(오른쪽 나무 토막의 수)×(받침대로부터의 거리)

10 광원에 따른 그림자의 위치와 밝기

민호는 광원이나 물체, 막의 위치를 다르게 하면 그림자의 위치와 밝기가 어떻게 변하는지를 알아보기 위해 다음과 같은 실험 장치를 꾸몄다. 물음에 답하시오.

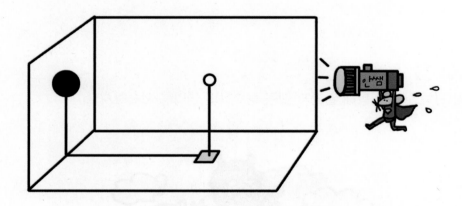

1 그림자가 막의 현재 위치보다 위쪽에 오도록 하려면 물체와 광원을 어떻게 이동시켜야 하는지 가능한 방법을 모두 서술하시오.

2 만약 햇빛과 전등의 빛을 구멍을 통해 비추고 막을 앞뒤로 이동시키면 빛의 밝기는 각각 어떻게 달라지는지 쓰고, 그 이유를 서술하시오.

핵심이론

▶ 그림자: 물체가 빛을 가려서 그 물체의 뒷면에 드리워지는 검은 그늘

▶ 광원: 제 스스로 빛을 내는 물체로, 태양, 별 등이 있다.

▶ 파동: 햇빛은 평면파이고, 전등은 구면파이다.

안쌤의

STEAM
+ 창의사고력
과학 100제

안쌤의

물질

11 세 가지 색의 설탕물 탑의 원리

12 다양한 성질을 이용한 혼합물의 분리

13 설탕물의 진하기 비교하기

14 비닐로 자석을 감싸는 이유

15 아르키메데스가 찾은 왕관의 비밀

16 사람을 냉동인간으로 만들려면?

17 수박과 얼음을 이용한 시소 실험

18 튀김 요리를 할 때 기름이 튀는 이유

19 간단하게 아이스크림을 만드는 방법

20 연예인이 공연할 때 사용하는 하얀 연기의 원리

세 가지 색의 설탕물 탑의 원리

승현이는 수용액의 농도와 밀도와의 관계를 알아보기 위해 다음과 같은 준비물을 이용하여 실험을 설계했다. 물음에 답하시오.

준비물

설탕 단계줄아

식용색소(빨강, 노랑, 초록)

100 mL 비커 3개

200 mL 눈금 실린더

약수저

전자저울   약포지   유리막대   스포이트

실험 과정

㉠ 100 mL 비커 3개에 각각 40 mL씩 물을 넣는다.

㉡ 1번 비커에 설탕 50 g을 넣어 녹인 후 빨간색 색소를 넣는다.

㉢ 2번 비커에 설탕 20 g을 넣어 녹인 후 노란색 색소를 넣는다.

㉣ 3번 비커에 설탕 5 g을 넣어 녹인 후 초록색 색소를 넣는다.

(1번 비커)   (2번 비커)   (3번 비커)

㉤ 스포이트를 이용하여 농도가 진한 것부터 차례로 눈금 실린더의 벽면을 따라 천천히 넣는다.

㉥ ㉤과 반대로 농도가 묽은 것부터 차례로 눈금 실린더의 벽면을 따라 천천히 넣는다.

1　ⓜ에서 세 종류의 용액은 어떻게 변화되는지 서술하시오.

2　ⓑ에서 세 종류의 용액은 어떻게 변화되는지 서술하시오.

3　문제 1, 2와 같은 변화가 생기는 이유를 서술하시오.

4　수용액의 밀도는 그 수용액의 농도와 어떤 관계인지 쓰고, 그 이유를 서술하시오.

핵심이론

▶ 색소: 물체에 색깔이 나타나도록 만들어주는 물질
▶ 용액: 용매와 용질이 고르게 섞여 있는 혼합물
▶ 농도: 용액이 얼마나 진하고 묽은지를 나타내는 수치

12 다양한 성질을 이용한 혼합물의 분리

민호가 다음과 같은 실험으로 여러 가지 물질들을 분리하려고 한다. 물음에 답하시오.

실험

㉠ 구멍의 크기가 다양한 여러 체로 구성된 기계로, 크기가 작은 귤 분리하기

㉡ 재활용 쓰레기에서 깡통 분리하기

㉢ 풍구를 사용하여 벼에 섞인 쭉정이나 먼지 분리하기

㉣ 조리질을 하여 쌀 분리하기

㉤ 소금물로 쭉정이와 알맹이 분리하기

㉥ 철가루와 모래가 섞여 있는 혼합물에서 철가루 분리하기

㉦ 공사장에서 사용하는 체로 모래 고르기

㉧ 설탕과 흙의 혼합물에서 설탕 분리하기

---

1 ㉠~㉧은 각각 어떤 성질을 이용하여 분리한 것인지 각각 서술하시오.

2 콩, 쌀, 소금, 철가루가 섞여 있는 혼합물을 다음의 순서대로 분리하려고 한다. 각 단계마다 어떤 성질을 이용해야 하는지 서술하시오.

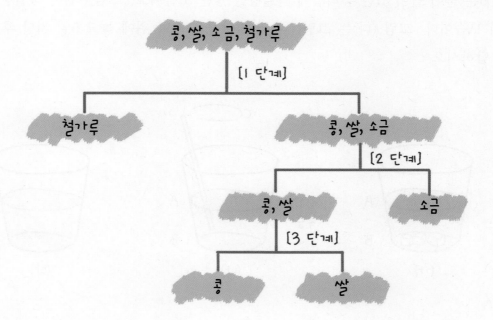

핵심이론

▶ 쭉정이: 벼 안에 알맹이는 빠져 있고 껍질만 있는 것

▶ 풍구: 벼, 보리, 팥, 콩, 밀 등의 곡물에서 쭉정이, 겨, 먼지 등을 바람으로 가려내는 농기구

13 설탕물의 진하기 비교하기

그림 (가)는 물이 들어 있는 유리컵에 각설탕을 넣은 모습이고, 그림 (나)는 각설탕이 완전히 녹은 후의 모습이다. 그림 (다)는 그림 (나)의 설탕물을 식탁 위에 놓고 5일 지난 후의 모습이다. 물음에 답하시오.

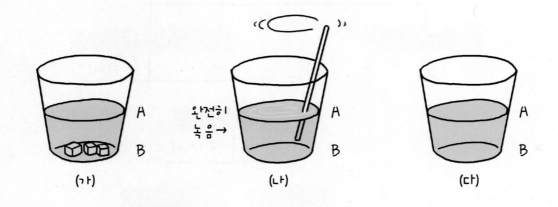

1 그림 (가)의 A와 B 위치에서 설탕물의 진하기를 부등호 >, =, <를 이용해 나타내고, 그 이유를 서술하시오.

2 그림 (나)의 A와 B 위치에서 설탕물의 진하기를 부등호 >, =, <를 이용해 나타내고, 그 이유를 서술하시오.

3 그림 (다)에서 설탕물의 진하기는 어떻게 변하는지 쓰고, 그 이유를 서술하시오.

4 그림 (다)의 A와 B 위치에서 설탕물의 진하기를 부등호 >, =, <를 이용해 나타내고, 그 이유를 서술하시오.

14 비닐로 자석을 감싸는 이유

민수는 철가루, 콩, 좁쌀, 쌀, 흑설탕이 섞여 있는 혼합물을 분리하기 위해 다음과 같이 실험을 설계했다. 물음에 답하시오.

실험 과정

㉠ 여러 가지 물질이 섞인 물질을 그릇에 골고루 담고 섞는다.

㉡ 모든 물질을 물에 넣고 잘 섞는다.

㉢ ㉡을 모두 체에 거른 후 분리된 물을 증발시킨다.

㉣ 비닐로 감싼 자석을 물질이 담긴 그릇에 넣고 휘젓는다.

㉤ 비닐에 붙어 나온 물질을 분리한다.

㉥ 눈이 큰 체를 이용하여 물질을 분리한다.

㉦ 눈이 작은 체를 이용해 나머지 물질을 분리한다.

1 위의 실험 과정에서 사용된 원리를 이용하여 다음 표를 완성하시오.

실험 방법	분리된 물질	이용된 원리
물에 넣고 잘 섞은 후 물을 증발시키는 경우		
자석을 이용한 경우		
눈이 큰 체를 이용한 경우		
눈이 작은 체를 이용한 경우		

2 ㉣에서 비닐로 자석을 감싸는 이유를 서술하시오.

귀찮더라도 꼭 비닐로 감싸 주세요.

▶ 좁쌀: 조의 열매를 찧은 쌀

▶ 체: 가루를 곱게 치거나 액체를 받거나 거르는 데 쓰는 기구

▶ 증발: 어떤 물질이 액체 상태에서 기체 상태로 변하는 현상

15 아르키메데스가 찾은 왕관의 비밀

진우는 과학 도서에서 아르키메데스의 일화를 읽었다. 다음은 과학 도서에 나온 그림으로 아르키메데스가 왕관이 순금으로 만들어졌는지, 아니면 은이 포함되어 있는지를 알아보기 위하여 같은 질량의 왕관, 순금, 순은을 가지고 실험한 것을 간단하게 나타낸 것이다. 물음에 답하시오.

1 위의 그림에서 넘친 물의 양은 무엇을 의미하는지 쓰시오.

2 넘친 물의 양의 차이를 통해 순금과 순은의 밀도 차이를 부등호 >, =, <를 이용해 나타내시오.

3 아르키메데스는 왕관이 순금으로 만들어지지 않았다는 것을 어떻게 판단했는지 서술하시오.

핵심이론

▶ 아르키메데스의 원리: 물 속에 물체를 넣으면 그 물체와 같은 부피만큼의 물의 흘러 넘치고, 흘러 넘친 물의 무게만큼 물체가 가벼워진다는 원리

▶ 밀도: 단위 부피당 질량

16 사람을 냉동인간으로 만들려면?

물은 우리 주변에서 흔히 볼 수 있지만 아주 특별한 물질이다. 대부분의 물질은 액체에서 고체로 변할 때 부피가 줄어들지만 물은 부피가 늘어난다. 예를 들어 양초를 녹인 후 원래 모양의 틀에 넣으면 굳으면서 중앙 부분이 움푹 파이는 것을 볼 수 있다. 이것으로 액체가 고체가 될 때 부피가 감소한다는 것을 알 수 있다. 그러나 같은 틀에 물을 넣고 냉동실에 넣으면 틀이 부서지거나 틀 위쪽으로 얼음이 나오는 것을 볼 수 있는데, 이것은 물의 독특한 특성이다. 물음에 답하시오.

1 만약 양초처럼 물도 얼음이 되어 부피가 감소한다면 어떤 일들이 일어나는지 실생활에서 찾아 3가지 서술하시오.

2 요즘 미국에서는 냉동인간에 대한 연구가 활발하며 불치병에 걸린 일부 사람들이 자신을 냉동인 간화하여 보존했다가 병을 치료할 수 있을 때 다시 녹일 수 있도록 냉동처리를 한다고 한다. 그 런데 사람의 구성 물질에는 물이 포함된다. 그렇다면 사람을 어떻게 냉동처리해야 하는지 서술 하시오.

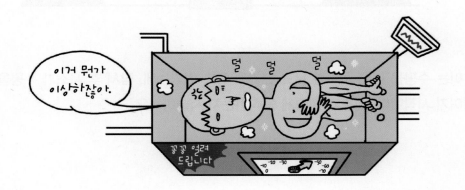

수박과 얼음을 이용한 시소 실험

무더운 여름날 재훈이는 동네 놀이터에 있는 시소에 수박과 얼음을 가져가서 다음 그림과 같이 시소의 한쪽 위에는 수박을 올려놓고, 다른 한쪽에는 얼음 한 덩이를 놓았더니 수평을 이루었다. 물음에 답하시오.

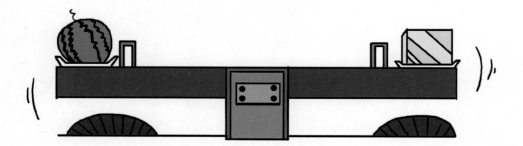

1 재훈이는 수평을 이룬 시소를 보고 신기해 하고 있었는데, 잠시 후 시소가 수평을 유지하지 않고 움직이기 시작했다. 시소가 어떻게 움직이는지 서술하시오.

2 재훈이는 이번엔 수박의 윗부분을 잘라서 시소의 한쪽 위에 올려놓고, 얼음은 잘게 부수어 얼음 크기보다 큰 용기에 담아서 시소의 다른 한쪽에 올려놓았다. 얼음의 양을 조절하면서 시소의 수평을 맞추었는데 잠시 후 시소는 수평을 유지하지 않고 움직이기 시작했다. 시소는 어떻게 움직이는지 서술하시오.

핵심이론

▶ 얼음은 물의 고체 상태로, 물에서 얼음으로 변하면 부피가 늘어난다.

▶ 수평: 기울지 않고 평평한 상태

18 튀김 요리를 할 때 기름이 튀는 이유

헌태는 주방에서 튀김을 만드시는 엄마 옆에 서 있다가 갑자기 기름이 튀어서 깜짝 놀랐다. 물음에 답하시오.

1 헌태는 튀김 요리를 하는 엄마를 도와 드리려다 끓는 기름에 물이 약간 튀어 들어가는 것을 보았다. 그러자 기름이 사방으로 튀어 나갔다. 끓는 기름에 물이 들어가면 왜 기름이 사방으로 튀어 나가는지 그 이유를 서술하시오.

2 문제 1과 같은 현상이 생기는 것은 물과 기름의 어떤 성질 때문인지 서술하시오.

3 다음날 헌태는 주방에서 맛있는 냄새가 나서 가 보았더니 엄마께서 김치 부침개를 만들고 계셨다. 프라이팬에 김치 부침개 반죽을 올려놓으면 요란한 소리가 나는데, 그 이유를 서술하시오.

핵심이론

▶ 기름: 물보다 가볍고 불을 붙이면 잘 타는 액체로, 약간 끈기가 있고 미끈미끈하며 물에 잘 풀리지 않는다.

▶ 반죽: 가루에 물을 부어 이겨 갬 또는 그렇게 한 것

19 간단하게 아이스크림을 만드는 방법

지훈이가 읽은 과학 도서에는 소금과 얼음으로 간단하게 아이스크림을 만들 수 있는 방법이 다음과 같이 나와 있었다. 물음에 답하시오.

준비물

소금, 얼음, 음료수, 나무젓가락, 망치, 마른 수건, 스티로폼 용기, 시험관

만드는 방법

㉠ 얼음을 마른 수건에 싸서 망치로 두들겨 적당한 크기로 부순 뒤 스티로폼 용기에 담는다.
단, 이때 얼음을 아주 잘게 부수지 않는다.

㉡ 얼음과 소금의 비가 약 3 : 1이 되도록 소금을 골고루 뿌린 뒤 잘 섞는다.

㉢ 이 스티로폼 용기 안에 음료수를 담은 시험관을 꽂아 둔다.

㉣ 시간이 지난 뒤 시험관 안의 음료수가 얼어 아이스크림이 된다.

1 ㉠에서 얼음을 적당한 크기로 부수지 않고 잘게 부순다면 어떻게 되는지 서술하시오.

2 과학 도서에 나온 아이스크림을 만드는 방법은 어떤 원리를 이용한 것인지 서술하시오.

핵심이론

▶ 용기: 물건을 담는 그릇
▶ 스티로폼: 발포 스티렌 수지이다. 전기를 통하지 않게 하거나 충격 완화에 쓰는 물질로, 상품명에서 나온 이름이다.

20 연예인이 공연할 때 사용하는 하얀 연기의 원리

그림 (가)는 연예인이 공연할 때 사용하는 드라이아이스를 공기 중에 놓아 두면 하얀 연기(㉠)가 나는 것처럼 보이는 것을 나타낸 것이다. 그림 (나)는 물을 끓일 때 우리 눈에 하얗게 보이는 것(㉡)을 나타낸 것이다. 물음에 답하시오.

(가)   (나)

1   ㉠과 ㉡은 각각 무엇인지 쓰시오.

2   그림 (가)와 그림 (나)에서 일어나고 있는 상태 변화를 모두 쓰시오.

3   그림 (가)와 그림 (나)에서 공통적으로 일어나고 있는 상태 변화를 쓰시오.

4   그림 (가)에서의 하얀 연기는 아래쪽으로 내려가고, 그림 (나)에서의 하얀 연기는 위쪽으로 올라가고 있다. 이처럼 하얀 연기의 흐름이 다른 이유를 서술하시오.

핵심이론

▶ 드라이아이스: 순도가 높은 이산화 탄소를 압축하거나 냉각하여 만든 눈 모양의 고체로, 공기 가운데서 승화하여 기체가 된다.

▶ 상태 변화: 물질의 세 가지 상태 중 어느 상태에서 다른 상태로 변화하는 것

안쌤의
STEAM
+ 창의사고력
과학 100제

Ⅲ

생명

21 꽃잎이 열리고 오므라드는 시기

22 비닐이 식물의 성장에 미치는 영향

23 씨앗이 싹트는 데 필요한 조건

24 강낭콩이 자라는 것을 측정하는 방법

25 싹을 잘 틔우게 씨앗을 심는 방법

26 가을에 나뭇잎이 붉게 물드는 이유

27 나무를 옮겨 심을 때 주의할 점

28 설탕물의 높이가 변하는 이유

29 달개비 잎의 기공 관찰

30 방 안에 식물을 많이 가져다 놓으면?

21 꽃잎이 열리고 오므라드는 시기

주석이는 식물도감을 읽다가 국화와 나팔꽃처럼 꽃잎이 열리고 오므라드는 시기가 꽃마다 다르다는 것을 알게 되었다.

> • 국화: 꽃잎이 열리면 질 때까지 계속 열려 있다.
> • 나팔꽃: 바깥 환경에 따라 꽃잎이 열리고 오므라드는 것을 반복한다.

그리고 식물도감에 민들레와 튤립의 꽃잎이 열리고 오므라들 때와 꽃이 피는 시기를 나타낸 표가 있었다. 물음에 답하시오.

구분	꽃잎이 열릴 때	꽃잎을 오므릴 때	꽃이 피는 시기
민들레	해 뜰 때	해 질 때	4월~5월
튤립	11시경	15시경	4월~5월

1 민들레의 꽃잎이 열리고 오므라드는 것은 어떤 요인에 의해 일어나는 것인지 서술하시오.

2 튤립의 꽃잎이 열리고 오므라드는 것은 어떤 요인에 의해 일어나는 것인지 서술하시오.

핵심이론

▶ 꽃: 속씨식물에서 씨를 만들어 번식 기능을 수행하는 생식기관을 말한다. 뿌리, 줄기, 잎과 함께 식물의 기관에 포함된다.

▶ 꽃잎의 가장 중요한 역할은 실제로 꽃의 기능이 작동하기 위해서 가장 중요한 부분인 암술과 수술을 보호하는 것이다. 이외에도 다양한 모양과 색깔을 가짐으로써 수분에 필요한 여러 곤충을 끌어들이는 역할을 한다.

22 비닐이 식물의 성장에 미치는 영향

땅속에 묻히면 500년 정도 썩지 않는 비닐이 식물의 성장에 어떤 영향을 미치는지 알아보기 위해 다음과 같은 실험을 설계했다. 물음에 답하시오.

실험 방법

㉠ 10개의 화분 바닥의 구멍을 돌로 막고 자갈과 모래를 $\frac{1}{3}$정도 넣는다.

㉡ 비닐의 크기를 화분의 크기와 같게, 화분의 크기의 $\frac{1}{2}$, 화분의 크기의 $\frac{1}{4}$정도로 각각 3개씩 만든다.

㉢ 3개의 화분에 크기가 다른 비닐 3개를 각각 모래 위에 올려놓고 흙을 채운다.

㉣ 3개의 화분에 흙을 전체 높이의 $\frac{1}{2}$까지 채우고 크기가 다른 비닐 3개를 각각 넣은 다음 흙을 채운다.

㉤ 3개의 화분에 흙을 전체 높이의 $\frac{2}{3}$까지 채우고 크기가 다른 비닐 3개를 각각 넣은 다음 흙을 채운다.

㉥ 나머지 하나의 화분은 비닐을 넣지 않고 흙을 채운다.

㉦ 각 화분에 강낭콩을 10개씩 심고 물을 준 다음, 싹이 트는 과정과 성장을 관찰한다.

㉧ 각각의 화분에 라벨을 붙이고 강낭콩을 심은 상태를 기록한다.

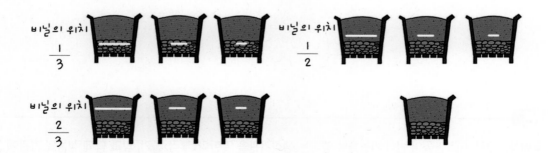

1 왼쪽 실험에서 화분마다 같게 한 조건과 다르게 한 조건은 각각 무엇인지 쓰시오.

· 같게 한 조건:

· 다르게 한 조건:

2 왼쪽 실험 결과는 다음과 같다. 이를 통해 비닐은 식물이 자라는 데 어떤 영향을 주는지 서술하시오.

> · 비닐의 크기가 클수록 강낭콩이 빨리 죽었다.
> · 비닐이 묻힌 깊이가 얕을수록 강낭콩이 빨리 죽었다.

핵심이론

▶ 일반적으로 '비닐'이라는 낱말은 비닐봉지나 비닐하우스에 쓰이는 것과 같은 얇은 폴리에틸렌을 가리키는 데 쓰인다.

23 씨앗이 싹트는 데 필요한 조건

민재는 씨앗이 싹트는 데 필요한 조건이 무엇인지 알아보기 위해 다음과 같은 실험 준비를 했다.

구분	실험 준비
(가)	씨앗이 잠기도록 물을 넣었다.
(나)	씨앗이 살짝 잠기도록 씨앗의 아랫부분까지 물을 넣었다.
(다)	물을 넣지 않았다.

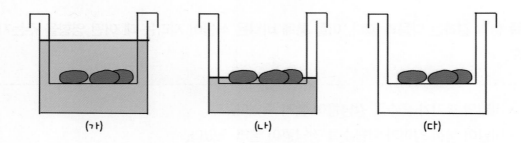

(가)　　　　　　　　(나)　　　　　　　　(다)

위와 같이 실험을 준비한 후 다음과 같이 총 4개의 실험을 했다. 다음은 실험 결과를 표로 정리한 것이다. 물음에 답하시오.

	실험 계획	실험 결과
실험 ㉠	물의 온도가 3~5 ℃, 햇빛을 비추어 준다.	모두 싹이 트지 않았다.
실험 ㉡	물의 온도가 15~20 ℃, 햇빛을 비추어 준다.	(나)만 싹이 텄다.
실험 ㉢	물의 온도가 3~5 ℃, 검은 천으로 햇빛을 차단했다.	모두 싹이 트지 않았다.
실험 ㉣	물의 온도가 15~20 ℃, 검은 천으로 햇빛을 차단했다.	(나)만 싹이 텄다.

1 왼쪽 실험을 계획한 민재는 씨앗이 싹을 틔우는 데 필요한 조건이 무엇이라고 생각했는지 쓰시오.

2 왼쪽 실험 결과를 통해 씨앗이 싹을 틔우는 데 필요한 조건은 무엇인지 쓰시오.

3 왼쪽 그림의 모든 씨앗이 싹을 틔우게 하려면 어떻게 하면 되는지 쓰시오.

핵심이론

▶ 씨앗이 발아하기 위해서는 물, 공기, 온도 등의 조건이 필요하다. 이 조건에 pH도 포함되어 있는데, 씨앗은 보통 중성에서 발아가 잘 이루어진다.

24 강낭콩이 자라는 것을 측정하는 방법

윤주네 반에서는 강낭콩이 자라는 것을 측정하고 기록하기 위해 화분에 강낭콩을 심고 모둠별로 관찰하는 활동을 하고 있다. 강낭콩이 자라고 있다는 것을 다양한 방법으로 측정하기 위해 다음과 같이 모둠별로 아이디어를 냈다. 물음에 답하시오.

구분	모둠별 아이디어
1모둠	다른 포기의 잎과 크기를 비교한다.
2모둠	잎을 하나씩 따서 관찰일지에 기록한다.
3모둠	모양을 뜰 잎을 정하고 종이와 연필을 이용하여 잎 모양을 뜬다.
4모둠	강낭콩 한 포기 전체의 잎 수를 세어서 기록한다.
5모둠	다른 화분에서 자라는 강낭콩과의 키 차이를 기록한다.

1 모둠별로 낸 아이디어에서 강낭콩이 자라는 것을 측정하기 위한 적절한 방법이 아닌 모둠을 모두 고르고, 그렇게 생각한 이유를 각각 서술하시오.

2 윤주네 반 친구들이 심은 강낭콩은 시간이 지나 모두 꽃이 피었다. 꽃이 모두 피는 것을 확인한 후 1·2모둠은 창문을 닫아 곤충과 새, 바람이 통하지 않게 하고, 3·4·5모둠은 창문을 열어 놓아 곤충과 새, 바람이 통하게 했다. 그 후 관찰을 계속했는데, 창문을 열고 닫아 놓은 것과 관계없이 모두 열매를 맺었다고 한다. 그 이유를 서술하시오.

25 싹을 잘 틔우게 씨앗을 심는 방법

가윤이는 강낭콩, 분꽃, 봉숭아 씨앗을 깊이에 따라 100개씩 심었다. 다음은 씨앗의 평균 길이와 싹이 튼 결과를 표로 나타낸 것이다. 물음에 답하시오.

〈표〉 씨앗의 종류와 씨앗의 평균 길이

씨앗의 종류	씨앗의 평균 길이
강낭콩	1.5
분꽃	0.5
봉숭아	0.2

〈실험 (가)〉 강낭콩 씨앗을 심은 땅속 깊이에 따라 싹이 튼 씨앗의 개수

심은 땅속 깊이(cm)	땅 위	1.5	3.0	4.5	6.0	7.5	9.0	10.5	12.0
싹이 튼 강낭콩 씨앗의 수(개)	17	45	89	92	74	63	55	52	48

〈실험 (나)〉 분꽃 씨앗을 심은 땅속 깊이에 따라 싹이 튼 씨앗의 개수

심은 땅속 깊이(cm)	땅 위	0.5	1.0	1.5	2.0	2.5	3.0	3.5	4.0
싹이 튼 분꽃 씨앗의 수(개)	11	35	91	93	77	68	58	56	49

〈실험 (다)〉 봉숭아 씨앗을 심은 땅속 깊이에 따라 싹이 튼 씨앗의 개수

심은 땅속 깊이(cm)	땅 위	0.2	0.4	0.6	0.8	1.0	1.2	1.4	1.6
싹이 튼 봉숭아 씨앗의 수(개)	35	57	89	94	82	79	72	68	57

1 가윤이가 실험 (가), (나), (다)를 할 때, 각각 같게 해야 할 조건(6가지)과 다르게 해야 할 조건 (1가지)은 무엇인지 쓰고, 그 이유를 서술하시오.

• 같게 해야 할 조건 :

• 다르게 해야 할 조건 :

2 강낭콩과 분꽃, 봉숭아의 싹튼 씨앗의 개수가 가장 많은 깊이는 각각 몇 cm인지 쓰고, 이것을 통해 알 수 있는 것은 무엇인지 서술하시오.

3 가윤이가 평균 2 cm 길이의 호박씨를 화단에 심는다면 위의 실험 결과를 참고했을 때 어느 정도 깊이에 심어야 가장 많은 싹을 틔우게 할 수 있는지 쓰고, 그 이유를 서술하시오.

핵심이론

▶ 씨앗: 씨 또는 종자라 하며, 수분, 온도, 산소 조건이 적당하면 발아해 새로운 식물체로 자라게 된다.

26 가을에 나뭇잎이 붉게 물드는 이유

식물의 잎에는 여러 가지 색소가 있으며, 이러한 색소가 잎의 색깔을 결정한다. 식물의 잎에 포함되어 있는 색소에는 대표적으로 녹색을 띠는 엽록소와 노란색을 띠는 크산토필, 주황색을 띠는 카로틴이 있다. 다음은 8월, 9월, 10월에 나뭇잎 속에 들어 있는 색소의 양을 조사한 결과이다. 물음에 답하시오.

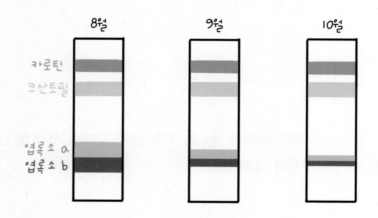

1 가을이 되면 대부분의 나뭇잎이 붉게 물든다. 그 이유를 위의 실험 결과에서 유추하여 서술하시오.

2 가을에 나뭇잎이 붉게 물드는 것은 나무가 가을철의 건조한 환경에 적응한 생존 전략 중 하나이다. 나뭇잎을 붉게 물들이면 나무가 건조한 환경에 어떻게 적응할 수 있는지 서술하시오.

▶ 엽록소: 광합성을 하는 데 가장 중심적인 분자이며 빛을 흡수하는 역할을 하는 색소로, 클로로필(Chlorophyll)이라 부른다. 엽록소에는 a, b, c, d, e와 박테리오클로로필 a와 b 등 여러 가지가 알려져 있다.

27 나무를 옮겨 심을 때 주의할 점

식목일이 되어 정은이는 집에 있던 동백나무를 아버지와 함께 뒷산에 옮겨 심기로 했다. 정은이 아버지께서는 나무를 옮겨 심기 전에 나무의 가지를 조금 잘라주고, 주위의 흙을 포함한 나무의 뿌리를 묶어 주셨다. 옆에서 지켜보던 정은이는 아버지께서 그렇게 하시는 이유가 궁금해 여쭤보았다. 아버지께서는 "나무를 옮겨 심기 전에 나무의 가지는 쳐 주고, 뿌리는 주위의 흙과 함께 옮겨 주어야 나무가 죽지 않는다."고 알려주셨다. 물음에 답하시오.

1 정은이 아버지께서 나무를 옮겨 심기 전에 나무의 가지를 친 이유를 서술하시오.

2 정은이 아버지처럼 나무를 옮겨 심을 때 주위의 흙과 함께 옮겨 심어야 하는 이유를 2가지 서술하시오.

핵심이론

▸ 나무 뿌리는 땅속에 있는 무기양분을 삼투압 현상을 통해 흡수하는 역할을 한다. 실제 필요한 에너지는 광합성을 통해 얻는다.

▸ 삼투압: 농도가 다른 두 액체를 반투막으로 막아놓았을 때, 농도가 낮은 쪽에서 농도가 높은 쪽으로 용매가 옮겨가는 현상에 의해 나타나는 압력이다.

28 설탕물의 높이가 변하는 이유

일규는 집에 있는 달걀을 가지고 할 수 있는 실험을 다음과 같이 설계했다. 물음에 답하시오.

준비물

밑이 뚫린 둥근 플라스크, 달걀 속껍질, 실, 비커, 설탕, 스탠드

실험 과정

㉠ 밑이 뚫린 둥근 플라스크의 밑부분을 달걀 속껍질로 찢어지지 않도록 조심스럽게 덮고, 실로 고정한다.

㉡ 물을 채운 비커에 플라스크를 천천히 담근다.

㉢ 어느 정도 시간이 흐르면 플라스크에 물이 들어와 비커와 플라스크 안의 물 높이가 같아진다.

㉣ 플라스크를 스탠드에 고정시키고 플라스크의 윗부분이 드러나도록 높이를 조절한다.

㉤ 플라스크에 설탕을 조금씩 넣어 녹이면서 설탕물을 만든다.

㉥ 어느 정도 시간이 흐른 뒤, 플라스크의 물의 높이를 관찰한다.

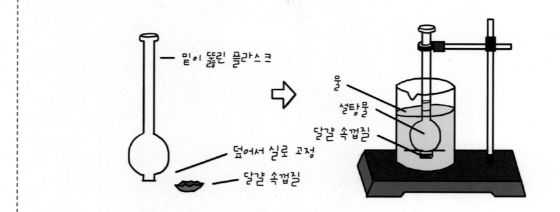

1 ㉥에서 플라스크의 물의 높이는 어떻게 되는지 쓰고, 그 이유를 서술하시오.

2 ㉠에서 플라스크 밑 부분을 달걀 속껍질이 아닌 비닐로 막았다면 ㉧에서 플라스크의 물의 높이는 어떻게 되는지 서술하시오.

3 왼쪽 실험과 같은 현상은 식물에서도 볼 수 있다. 식물의 어느 부분에서, 어떻게 이용되고 있는지 서술하시오.

달걀 속껍질 벗기기 힘드네요.

핵심이론

▶ 반투막: 막을 중심으로 작은 입자는 통과시키지만 큰 입자는 통과시키지 않는 막

▶ 삼투 현상: 농도가 낮은 곳에서 높은 곳으로 물이 이동하는 현상

29 달개비 잎의 기공 관찰

진철이와 수경이는 잎에 대해 알아보기 위해 진철이는 잎의 증산작용에 대한 실험을 하고, 수경이는 잎의 기공에 대한 실험을 하기로 했다. 물음에 답하시오.

진철이의 실험 과정

㉠ 잎의 앞면과 뒷면에 염화코발트지를 씌운다.
㉡ 염화코발트지가 잎에 접촉하지 않는 부분은 비닐을 대고 고정시킨다.
㉢ 1시간 후 잎의 앞면과 뒷면의 염화코발트지의 색깔을 관찰한다.

수경이의 실험 과정

㉠ 달개비 잎을 5 mm 정도로 잘라 표피를 벗긴다.
㉡ 벗긴 표피를 받침 유리에 놓고, 스포이트로 물을 한 방울 떨어뜨린다.
㉢ 덮개 유리를 덮은 후 현미경의 재물대 위에 올려놓고 관찰한다.

수경이는 현미경으로 달개비의 기공을 보는구나.

---

1 진철이의 실험 ㉢에서 잎의 앞면과 뒷면의 염화코발트지의 색깔을 각각 쓰고, 그 이유를 서술하시오.

2 수경이가 현미경을 통해 달개비의 기공을 보려고 하니 너무 어두워서 잘 관찰할 수 없었다. 그래서 수경이는 현미경의 어느 부분을 조절하니 다음과 같이 기공이 잘 보였다. 상을 밝게 하기 위한 방법을 2가지 서술하시오.

▶ 증산작용: 뿌리에서 올라온 물이 잎의 기공을 통해 증발하는 현상

▶ 증산작용의 역할은 물을 끌어올리는 작용을 하며, 식물 몸 안의 온도와 물의 양을 조절한다.

▶ 염화코발트지는 수분이 있을 때에는 붉은색, 수분이 없어 건조한 상태일 때에는 푸른색을 띤다.

방 안에 식물을
많이 가져다 놓으면?

식물은 광합성을 통해 스스로 양분을 만들 수 있다. 식물의 잎은 광합성을 할 때 이산화 탄소를 사용하고 산소를 내보낸다고 배운 정은이는 방 안에 산소를 많게 하기 위해 식물을 많이 가져다 놓았다. 물음에 답하시오.

1 저녁이 되자, 정은이 어머니께서는 방 안의 식물을 베란다에 옮겨다 놓으라고 하셨다. 어머니께서 이렇게 말씀하신 이유를 서술하시오.

2 식물의 잎은 광합성을 효율적으로 하기 위해 독특한 구조로 적응했다고 배운 정은이는 다음과 같은 식물을 관찰했다. 식물의 잎이 빛을 효율적으로 흡수하여 광합성을 할 수 있도록 적응한 것을 찾아 2가지 서술하시오.

3 정은이는 식물은 광합성을 통해 스스로 양분을 만들 수 있지만, 식물이 아닌 다른 생물은 스스로 양분을 만들 수 없다고 생각했다. 정은이의 생각이 옳은지 옳지 않는지 고르고, 그 이유를 서술하시오.

안쌤의

STEAM
+ 창의사고력
과학 100제

IV

지구

31 화석을 발견할 확률이 높은 암석은?

32 불 타는 석탑에 물을 뿌리면 안 되는 이유

33 과거에 일어난 사건들을 간직한 지층

34 석탄, 석유, 천연가스는 왜 화석연료라 할까?

35 남극과 북극에도 화석이 있을까?

36 공룡을 부활시킬 수 있을까?

37 지진을 기록하는 지진계의 원리

38 암석의 알갱이 생성에 대한 실험

39 사막에서 물을 얻을 수 있는 방법

40 우리가 공기의 무게를 느끼지 못하는 이유

31 화석을 발견할 확률이 높은 암석은?

다운이는 암석 관련 과학 도서를 읽다가 다음과 같은 세 종류의 암석을 보고, 여러 가지 의문이 생겼다. 물음에 답하시오.

1 세 암석 중 땅속 가장 깊은 곳에서 만들어진 암석을 고르고, 그 이유를 서술하시오.

2 세 암석 중 화석을 발견할 확률이 가장 높은 암석을 고르시오.

3 문제 2와 같이 생각한 이유를 세 암석을 비교하여 서술하시오.

핵심이론

▶ 암석: 광물이나 준광물이 자연적으로 모여 이루어진 고체로, 바위, 돌이라고도 한다. 지구의 지각은 암석으로 이루어져 있다.

32 불 타는 석탑에 물을 뿌리면 안 되는 이유

다음은 신문 기사의 일부이다. 물음에 답하시오.

> **"화재 피해 석탑, 물 뿌려선 안 돼"**
>
> 화재에 위험한 문화유산은 상식과는 달리 석조 문화재가 꼽힌다. 특히, 한국 석조문화재 대부분은 재료가 (　　　)이며, 단단하기로 이름 높은 이 석재가 역설적으로 화재에는 매우 약한 것으로 알려져 있다.
>
> "불 먹은 석조물은 절대 물을 뿌려서는 안 된다."
>
> □□ 일보

1 위의 기사에서 괄호 안에 들어갈 재료는 암석의 종류이다. 석탑의 재료에 해당하는 암석이 무엇인지 그림 (가)와 (나) 중에서 고르고, 그 암석의 이름을 쓰시오.

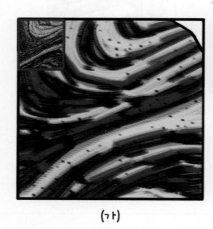

(가)

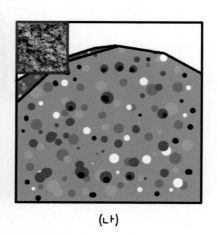

(나)

2 기사에 실린 암석이 화재에 약한 이유를 문제 1의 그림을 보고 추론하여 서술하시오.

핵심이론

▶ 석조: 돌로 물건을 만드는 일 또는 그 물건

▶ 문화재: 문화 활동에 의해 창조된 가치가 뛰어난 사물

▶ 석탑: 석재를 이용하여 쌓은 탑으로, 동양에서는 전통적으로 층을 구분하여 쌓았다.

▶ 역설적: 어떤 주장이나 이론이 겉보기에는 모순되는 것 같으나 그 속에 중요한 진리가 함축되어 있는 것

33 과거에 일어난 사건들을 간직한 지층

지구의 역사책에 비유되는 지층은 과거에 일어났던 여러 가지 사건들을 간직하고 있다. 이를 배운 태훈이는 다음 그림과 같은 지층을 관찰해 보았다. 물음에 답하시오.

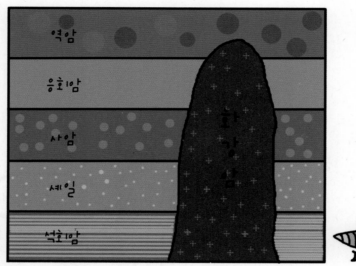

1 위의 그림에서 지층이 생성된 순서대로 나열하시오.

2 왼쪽 그림에서 지층에 응회암층(화산재가 굳어서 된 암석층)이 있다. 이 사실로 무엇을 알 수 있는지 서술하시오.

3 지층이 위로 갈수록 퇴적물의 알갱이가 커지고 있다. 이 사실로 무엇을 알 수 있는지 서술하시오.

핵심이론

▶ 지층: 자갈, 모래, 진흙, 화산재 등이 해저(海底), 강바닥 또는 지표면에 퇴적하여 층을 이루고 있는 것

▶ 응회암: 화산이 분출할 때 나온 화산재 등의 물질이 굳어져 만들어진 암석

▶ 세일: 운반 작용으로 생성되는 퇴적암 중 입자의 크기가 63 μm(마이크로미터)보다 작고, 층과 평행하게 벗겨지는 암석

▶ 융기: 빙하가 녹거나, 지표면이 풍화와 침식을 받아서 지각을 누르고 있는 힘이 제거되어 밑에 눌려 있던 땅이 솟아오르는 것을 말한다.

34 석탄, 석유, 천연가스는 왜 화석연료라 할까?

과학적 사고를 즐기는 현주는 문득 석탄, 석유, 천연가스와 같은 연료에 대한 궁금증이 생겼다. 물음에 답하시오.

1 석탄, 석유, 천연가스와 같은 연료를 왜 '화석연료'라 부르는지 서술하시오.

2 석탄은 땅속에서 캐내는 검은 돌이라 생각할 수 있다. 똑같은 검은 돌이지만 안 타는 돌도 있는데, 석탄이 타는 이유를 서술하시오.

3 석유, 석탄, 천연가스와 같은 화석연료는 만들어지는 데 굉장히 오랜 시간이 걸린다. 요즘 사람들은 오랜 시간에 걸쳐 만들어진 화석연료를 너무 빨리 쓰고 있다. 앞으로 과학이 발전하면서 지금보다 더 많은 연료가 필요하게 되면 곧 바닥이 날 수도 있다. 이것을 방지하기 위해 우리가 노력해야 하는 것을 2가지 서술하시오.

핵심이론

▶ 화석연료: 지질 시대에 생물이 땅속에 묻혀 화석같이 굳어져 오늘날 연료로 이용되는 물질로, 석탄, 석유, 천연가스 등이 이에 속한다.

▶ 석탄: 태고 때의 식물질이 땅속 깊이 묻혀 오랫동안 지압과 지열을 받아 차츰 분해하여 생긴 타기 쉬운 퇴적암이다.

35 남극과 북극에도 화석이 있을까?

지층이 생김으로써 화석이 생긴다고 배운 주석이는 '남극과 북극에도 화석이 있을까?'라는 의문이 생겼다. 물음에 답하시오.

1 눈과 얼음이 녹지 않는 남극과 북극에는 지층이 아닌 눈과 얼음층이 생긴다고 할 수 있다. 이 얼음층에서도 지층과 같이 양극 지방에 살고 있던 생물의 화석이 생길 수 있는지 서술하시오.

2 만약 남극과 북극에 있는 얼음층에서 생물의 화석이 발견되었다면 지층에서 발견된 생물의 화석과는 어떤 다른 점이 있는지 서술하시오.

3 육지에서 살던 생물은 물밑에서 화석으로 발견되기도 한다. 육지에서 살던 생물이 물밑에서 화석이 되려면 어떤 과정을 거쳐야 하는지 서술하시오.

▶ 화석: 지질 시대에 생존한 동식물의 유해와 활동 흔적 등이 퇴적물 중에 매몰된 채로 또는 지상에 그대로 보존되어 남아 있는 것을 통틀어 이르는 말이다. 생물의 진화, 그 시대의 지표 상태를 아는 데 큰 도움이 된다.

공룡을 부활시킬 수 있을까?

주석이는 영화 '쥬라기 공원'에 대한 다음 글을 읽고 여러 가지 의문이 들었다. 물음에 답하시오.

영화는 1억 6천만 년 동안 지구를 지배하고 6천 5백만 년 전에 사라진 공룡을 부활시켜 일어나는 일들을 소재로 한다. 공룡의 피를 빨아먹은 후 나무 밑에서 휴식을 취하다가 나무에서 떨어지는 진을 피하지 못해 갇힌 모기가 나무진과 함께 호박이 되었고, 과학자들은 이 모기의 뱃속에서 공룡의 피를 꺼내 공룡의 DNA를 찾아내어 중생대의 공룡을 부활시킨다.

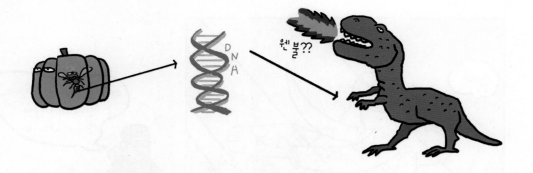

1 과학자들은 호박 속에 갇힌 모기의 피에서 공룡의 DNA(유전자의 본체)를 추출해서 공룡을 부활시키는 일이 불가능하다고 한다. 그 이유를 서술하시오.

2 과학자들은 공룡을 부활시킨다 하더라도 공룡이 실제로 살아남을 수 있을지는 의문이라고 한다. 그 이유를 서술하시오.

▶ 호박: 지질 시대 나무의 진 등이 땅속에 묻혀서 탄소, 수소, 산소와 화합하여 굳어진 누런색 광물로, 투명하거나 반투명하고 광택이 있으며 불에 타기 쉽고 마찰하면 전기가 생긴다.

▶ DNA: 유전자의 본체로 바이러스의 일부 및 모든 생체 세포 속에 있으며, 주로 핵 속에 있다. 유전 정보를 가지고 있다.

▶ 중생대: 지금부터 약 2억 4,500만 년 전부터 약 6,500만 년 전까지의 시기로 겉씨식물이 번성했고, 공룡과 같은 거대한 파충류를 비롯하여 양서류, 암모나이트 등이 번성했다.

37 지진을 기록하는 지진계의 원리

수진이는 뉴스를 보다가 일본 지역에서 발생된 지진이 강도가 6, 7 정도 된다는 것을 듣고, '지진의 강도는 어떻게 알 수 있을까?'란 의문이 생겼다. 그래서 과학 실험실에 가서 지진계를 찾아보았더니 다음과 같은 지진계가 있었다. 물음에 답하시오.

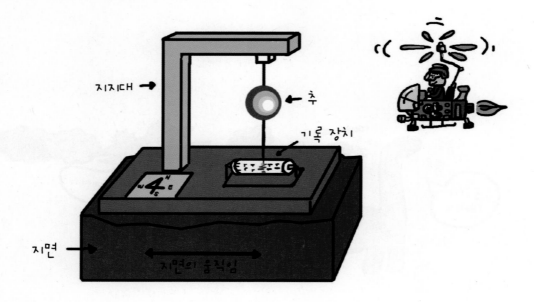

1 위의 지진계는 지진이 일어나면 어떻게 기록 장치에 기록이 되는지 그 원리를 추리하여 서술하시오.

2 수진이는 왼쪽 지진계를 남북 방향으로 흔들어 보았더니 기록 장치에 기록이 되지 않았다. 그 이유를 서술하시오.

3 수진이가 왼쪽 지진계를 이용하여 진동을 기록하려면 어떻게 해야 하는지 서술하시오.

핵심이론

▶ 지진: 자연적 · 인공적 이유로 인해 지구의 표면이 흔들리는 현상

▶ 지진계: 지진이 발생하는 위치, 지진의 세기를 기록하기 위해 만든 기계

38 암석의 알갱이 생성에 대한 실험

다음은 과학 시간에 암석의 알갱이 생성에 대한 실험을 하기 위해 승현이가 설계한 실험 과정이다. 물음에 답하시오.

실험 과정

㉠ 철사로 삼각형 2개를 만들고, 털실을 촘촘하게 감는다.

㉡ 비커 2개에 백반 분말을 넣어 같은 양의 포화 용액을 만든다.

㉢ 실로 삼각형 물체를 나무젓가락에 연결하여 백반 포화 용액에 넣는다.

㉣ 비커 (가)는 차가운 물이 담긴 수조에 넣고 변화를 관찰한다.

㉤ 비커 (나)는 스타이로폼 통에 넣고 1일 후 변화를 관찰한다.

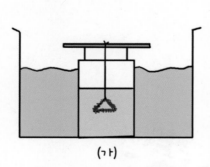

(가)

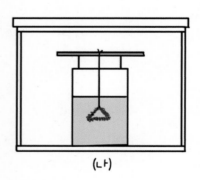

(나)

---

1 위의 실험을 설계한 승현이는 어떤 가설을 세웠을지 서술하시오.

2 비커 (가)와 (나)를 비교하면 어떤 차이점을 관찰할 수 있는지 서술하시오.

3 문제 2와 같은 차이점이 생긴 이유를 서술하시오.

4 화강암과 현무암은 각각 어떤 환경에서 생성되었을지 왼쪽 실험 결과를 통해 유추하여 서술하시오.

핵심이론

▶ 포화용액: 용매에 용질이 최대한 녹아 더 이상 녹을 수 없는 상태의 용액

▶ 화강암: 땅의 깊은 곳에서 높은 압력을 받아 마그마가 굳어진 암석

사막에서 물을 얻을 수 있는 방법

탐험가 키튼과 일행은 '살아서는 돌아오지 못하는 사막'이라는 뜻의 타클라마칸 사막에서 유적 발굴을 하다가 조난을 당했다. 마실 물이 부족해지자 키튼은 다음과 같은 방법으로 마실 물을 해결했다. 물음에 답하시오.

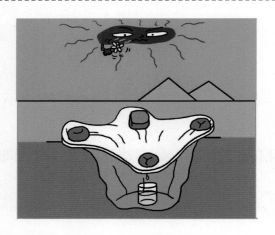

㉠ 사막에 웅덩이를 파고 바닥 중앙에 물받이 통을 놓는다.
㉡ 늦은 오후가 되면 웅덩이 위에 비닐을 펴서 덮고 가장자리를 큰 돌로 눌러놓는다.
㉢ 비닐의 한 가운데에는 작은 자갈을 올려놓는다.
㉣ 다음날 아침 물받이 통에 고인 물을 마신다.

1 다음날 아침 물받이 통에 고인 물은 어떻게 생긴 것인지 서술하시오.

2 왼쪽과 같이 물이 생기는 현상은 우리 생활 속에서도 볼 수 있다. 그 예를 3가지 이상 서술하시오.

핵심이론

▸ 사막: 강수량이 적어서 식물이 거의 자랄 수 없는 지역이다. 생성된 원인에 따라 열대 사막, 해안 사막, 내륙 사막, 한랭지 사막으로 나눈다.

▸ 사막은 1,500만 km²를 넘는 면적을 가지고 있다. 이 면적은 전체 육지의 $\frac{1}{10}$ 이상이 된다.

40 우리가 공기의 무게를 느끼지 못하는 이유

선혜는 텔레비전에서 일기예보를 보다가 '기압'이라는 말을 듣고, 그 뜻이 궁금해 중학생인 오빠에게 물어보았다. 오빠는 공기의 무게를 기압이라 하며, 기압의 높고 낮음은 공기의 무게가 무겁고 가벼움을 나타낸다고 알려주었다. 물음에 답하시오.

1 평소에 우리는 공기의 무게를 느끼지 못한다. 그 이유를 서술하시오.

2 무게는 지구가 잡아당기는 힘에 의해서 정해지는 힘이라 한다. 지구 중심 방향, 즉 아래쪽 방향으로 무게는 작용한다. 기압의 크기도 공기의 무게에 의해 결정되므로 공기의 힘은 아래쪽으로 작용할 것 같지만 모든 방향으로 작용한다. 그 이유를 서술하시오.

핵심이론

▶ 기압(atm): 압력의 단위로, 지구 해수면 근처에서 잰 대기압을 기준으로 한다. 1기압은 101,325 Pa, 760 mmHg 이다.

V

융합

41 윗접시저울을 이용한 부력 실험

42 어느 쪽의 식물이 더 오래 살까?

43 과일을 오래 보관하는 방법

44 무거운 구슬이 쌀 위로 올라가는 이유

45 원숭이가 줄에 매달린 바나나를 먹을 수 있을까?

46 비눗물의 거품이 잘 안 터지는 이유

47 물이 끓을 때 생기는 기포의 변화

48 옥수수가 튀겨져 팝콘이 되는 이유

49 전구의 불을 밝히는 고구마 전지

50 유리 상자 안에 물을 담은 그릇을 넣으면?

41 윗접시저울을 이용한 부력 실험

예은이는 평소에 궁금했던 부분을 실험으로 확인하기 위해 두 종류의 윗접시저울을 준비해 다음과 같은 실험을 했다. 물음에 답하시오.

1 물에 나뭇조각을 넣으면 부력을 받아 물 위에 뜬다. 이때 물과 나뭇조각의 무게가 어떻게 되는지 궁금한 예은이는 다음과 같이 실험을 설계했다. 윗접시저울의 양쪽 접시에 같은 양의 물을 넣은 같은 크기의 컵을 올려 수평을 잡는다. 왼쪽 컵에는 설탕을 넣어 녹이고, 오른쪽 컵에는 설탕과 같은 무게의 나뭇조각을 넣어 물 위에 띄웠다. 이때 윗접시저울은 어느 쪽으로 기울어지겠는가? 이 실험 결과로 내릴 수 있는 결론을 서술하시오.

2 물에 손가락을 넣으면 손가락에 의해 물이 밀려 물의 높이가 올라간다. 이때 물은 손가락에 의해 무게 변화가 있을지 궁금한 예은이는 다음과 같이 실험을 설계했다. 윗접시저울의 양쪽 접시에 같은 양의 물을 넣은 컵을 올려 수평을 잡고, 왼쪽 컵에 있는 물에 손가락을 넣었다. 이때 윗접시저울은 어느 쪽으로 기울어지겠는가? 이 실험 결과로 내릴 수 있는 결론을 서술하시오.

핵심이론

▶ 부력: 물에 뜨려는 힘
▶ 물에 들어간 물체의 부피와 그 부피만큼 차지하는 물의 무게는 같다.

42 어느 쪽의 식물이 더 오래 살까?

식물이 광합성을 할 때와 호흡을 할 때 어떤 기체가 필요한지 알아보기 위해 다음과 같이 실험을 설계했다. 이때 쥐가 살아갈 수 있는 충분한 물과 음식을 주고, 식물에게도 충분한 물을 줘서 부족함이 없도록 했다. 물음에 답하시오.

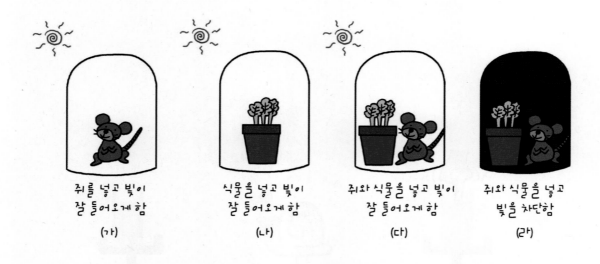

쥐를 넣고 빛이
잘 들어오게 함
(가)

식물을 넣고 빛이
잘 들어오게 함
(나)

쥐와 식물을 넣고 빛이
잘 들어오게 함
(다)

쥐와 식물을 넣고
빛을 차단함
(라)

1 (가)와 (다)의 실험 결과 중 어느 쪽의 쥐가 더 오래 살지 고르고, 그 이유를 서술하시오.

2 (가)와 (라)의 실험 결과 중 어느 쪽의 쥐가 더 오래 살지 고르고, 그 이유를 서술하시오.

3 (나)와 (다)의 실험 결과 중 어느 쪽의 식물이 더 오래 살지 고르고, 그 이유를 서술하시오.

핵심이론

▶ 광합성: 식물이 살아가는 데 필요한 에너지를 만드는 작용으로 빛에너지와 이산화 탄소를 가지고 포도당을 만들어 낸다. 광합성은 엽록체에서 일어나며 빛이 세기가 클수록 활발히 일어난다.

43 과일을 오래 보관하는 방법

철수는 한겨울에 여름철 과일인 수박을 먹으면서 '어떻게 겨울에 여름철 과일인 수박을 먹을 수 있을까?'라는 궁금증이 생겼다. 그래서 엄마한테 여쭤보니 요즘은 온실을 지어 과일을 생산하기 때문에 계절에 상관없이 먹을 수 있다고 말씀해 주셨다. 또, 온실이 없던 옛날에는 봄, 여름, 가을에 생산되는 과일 중에서 사과나 배는 잘 보관해서 겨울에 먹을 수 있었다고 말씀해 주셨다. 물음에 답하시오.

1 옛날 우리 조상들은 오늘날 창고처럼 '광'이란 곳에 가을철 수확한 사과나 배를 보관했다. 이때 광이란 곳에 큰 물동이를 같이 놓았다고 한다. 큰 물동이는 어떤 역할을 했는지 서술하시오.

2 사과나 배 등은 보관이 가능하지만, 감이나 자두와 같이 잘 물러지는 과일은 보관할 수 없었다. 따라서 감이나 자두를 오래 보관하기 위해 다른 방법을 사용했는데, 그 방법과 원리를 서술하시오.

핵심이론

▶ 물동이: 물을 담는 데 쓰는 그릇을 말한다.

▶ 물질은 고체에서 액체, 액체에서 기체로 변할 때 열을 흡수하고, 기체에서 액체, 액체에서 고체로 변할 때 열을 방출한다.

44 무거운 구슬이 쌀 위로 올라가는 이유

돌은 물보다 무겁기 때문에 물속에 돌을 넣으면 돌은 물 아래로 내려간다. 다음은 쌀보다 무거운 구슬이 쌀 위로 올라오는 현상을 실험하는 과정이다. 물음에 답하시오.

실험 과정

㉠ 유리병에 쌀을 $\frac{2}{3}$ 가량 채우고 그 안에 살짝 덮이도록 구슬을 파묻는다.

㉡ 유리병의 뚜껑을 닫고 병을 뒤집는다.

㉢ 구슬이 보일 때까지 병을 앞뒤로 세게 흔든다.

㉣ 위로 구슬이 나타나면 다시 뒤집어서 흔들어 본다.

1 왼쪽 실험과 같이 쌀 속에 구슬을 파묻고 뒤집어서 흔들면 무거운 구슬이 위로 올라온다. 구슬이
중력의 법칙을 무시하는 듯한 현상은 어떻게 일어나는 것인지 서술하시오.

2 만약 왼쪽 실험을 우주선을 타고 달에서 한다면 무거운 구슬이 쌀 위로 올라오는지 서술하시오.

핵심이론

▸ 중력: 지구 중심에서 물체를 잡아당기는 힘

▸ 지구의 물체는 중력에 의해 모두 지구 중심 방향으로 떨어진다.

원숭이가 줄에 매달린 바나나를 먹을 수 있을까?

다음 그림과 같이 원숭이가 자신의 몸무게와 같은 바나나가 달린 가벼운 긴 줄을 꽉 잡고 정지해 있을 때 '원숭이가 줄에 매달린 바나나를 따 먹을 수 있을까?'라는 의문에 주석이네 학급 친구들은 아래와 같이 주장했다. 각 학생의 주장의 옳고 그름을 판단하고, 그렇게 생각한 이유를 서술하시오.

1 민호는 원숭이가 줄을 타고 위로 올라갈 때 바나나는 정지해 있으므로 원숭이는 바나나를 따 먹을 수 있다고 주장했다.

2 승현이는 원숭이가 줄을 타고 아래로 내려갈 때 바나나는 위로 올라가므로 원숭이는 바나나를 따 먹을 수 있다고 주장했다.

3 경수는 원숭이가 위로 올라가면 바나나도 위로 올라가고, 원숭이가 아래로 내려가면 바나나도 아래로 내려가므로 원숭이는 바나나를 따 먹을 수 없다고 주장했다.

4 한솔이는 원숭이가 줄을 놓으면 원숭이와 바나나 사이의 거리가 점점 감소하므로 낙하하는 도중에 원숭이가 바나나를 잡을 수 있다고 주장했다.

핵심이론

▶ 원숭이와 바나나의 움직임을 자유 낙하와 가속도 관계로 생각해 본다.

▶ 자유 낙하: 일정한 높이에서 정지하고 있는 물체가 중력의 작용만으로 떨어질 때의 운동

▶ 가속도: 단위 시간에 대한 속도의 변화율

46 비눗물의 거품이 잘 안 터지는 이유

순수한 물을 이용하여 거품을 만들면 거품의 크기가 작을 뿐만 아니라 금방 터져 버리지만, 비눗물을 이용하여 거품을 만들면 거품의 크기를 물로 만든 것보다 훨씬 크게 만들 수 있다. 물음에 답하시오.

1 비눗물의 거품이 물을 이용하여 만든 거품보다 크게 만들어지는 이유를 서술하시오.

2　비눗물의 거품은 순수한 물을 이용하여 만든 거품보다 오랜 시간이 지나 터진다. 그 이유를 서술하시오.

핵심이론

▶ 거품: 액체가 기체를 머금고 부풀어서 생긴 속이 빈 방울

47 물이 끓을 때 생기는 기포의 변화

라임이는 다른 기체가 녹아 있지 않은 순수한 증류수를 비커에 넣고 가열하면서 물이 끓는 것을 관찰했다. 비커 바닥에 구멍이 나지 않았는데도 바닥으로부터 기포가 생성되어 점점 커지면서 올라가다가 물 표면에 이르면 터져서 없어지는 것을 볼 수 있었다. 물음에 답하시오.

1 증류수가 끓기 시작할 때 비커 바닥으로부터 올라오는 기포의 주성분을 쓰고, 발생 원인을 서술하시오.

2 물이 끓고 있는 비커를 자세히 보면 기포가 올라오면서 점점 커지는 것을 볼 수 있는데, 이것은 여러 개의 기포가 합쳐지기 때문이다. 하지만 합쳐지지 않은 기포 또한 커지는 것을 볼 수 있다. 그 이유를 서술하시오.

3 기포가 물 표면에 도달하면 터져 없어진다. 그 이유를 서술하시오.

핵심이론

▶ 증류수: 자연수를 증류하여 불순물을 제거한 물로, 무색투명하고 무미, 무취하다.

▶ 기포: 액체나 고체 속에 기체가 들어가 거품처럼 둥그렇게 부풀어 있는 것

48 옥수수가 튀겨져 팝콘이 되는 이유

팝콘을 좋아하는 진우는 집에서 팝콘을 튀겨 먹을 수 있는 방법을 다음과 같이 설계했다. 물음에 답하시오.

실험 방법

㉠ 프라이팬에 식용유를 조금 넣는다.

㉡ 팝콘용 옥수수를 조금 넣는다.

㉢ 가열 기구에 불을 약하게 하여 가열한다.

㉣ 뚜껑을 덮고 옥수수가 다 튀겨질 때까지 기다린다.

---

1 옥수수가 튀겨져 팝콘이 되는 이유를 서술하시오.

2 일정 시간이 지난 후 프라이팬을 열어 보니 튀겨지지 않은 옥수수들이 있었다. 옥수수들이 튀겨
지지 않은 이유를 서술하시오.

49 전구의 불을 밝히는 고구마 전지

주석이는 가끔 TV 광고에서 귤이나 오렌지를 이용해서 전구의 불을 밝히는 것을 보고 다음과 같이 고구마를 이용하여 발광 다이오드에 불을 밝히는 실험 장치를 꾸며 실험을 해 보았다. 물음에 답하시오.

실험 과정

㉠ 생고구마에 아연판과 구리판을 꽂고 집게 전선으로 검류계와 연결한다.
㉡ 판을 꽂은 깊이와 판 사이의 간격을 바꾸어 전류의 세기가 달라지는지 측정해 본다.
㉢ 검류계 대신 발광 다이오드를 연결해 불이 들어오는지 본다.
㉣ 생고구마 대신 군고구마에 꽂아 검류계 바늘을 움직여 본다.

---

1 TV 광고에 나오는 귤이나 오렌지 전지로 전구의 불을 밝히는 것과 같은 실험을 실제로 하면 전구에 불이 들어오지 않는다고 한다. 그 이유를 서술하시오.

2 고구마 전지로 검류계의 바늘이 움직인다면 고구마 전지는 어떤 원리로 전류가 흐르는지 서술하시오.

3 왼쪽 실험 과정 ㉣에서 생고구마 대신 군고구마를 이용했을 때 전류가 더 잘 흘렀다. 그 이유를 서술하시오.

유리 상자 안에 물을 담은 작은 그릇을 넣으면?

자원이는 다음 그림과 같이 평평한 유리판 위에 물을 담은 작은 그릇을 놓고 투명한 유리 상자로 덮어두었다. 물음에 답하시오.

1 며칠 후 유리 상자 안에 있는 작은 그릇에 담긴 물을 확인한 결과, 물의 양이 줄어들어 있었다. 그 이유를 서술하시오.

2 며칠 더 지나서 유리 상자 안에 있는 작은 그릇에 담긴 물을 확인한 결과, 물의 양이 줄어들지 않았다. 그 이유를 서술하시오.

핵심이론

▶ 포화 수증기량: 1 m³의 공기가 함유할 수 있는 최대한의 수증기의 양으로, 단위는 g(그램)이다.

▶ 습도: 공기 가운데 수증기가 들어있는 정도로, 공기가 포함할 수 있는 최대 수증기의 양은 온도에 따라 다르다. 포화 수증기량에 대한 비율을 상대 습도라 하고, 일정 부피 속에 포함된 수증기량을 g(그램) 단위로 나타낸 수를 절대 습도라 한다.

안쌤의
STEAM
+ 창의사고력
과학 100제

영재성검사 창의적 문제해결력 평가

기출문제

영재성검사 창의적 문제해결력 평가
기출문제

1 배추흰나비 애벌레의 먹이인 케일 4개가 있다. 애벌레 한 마리는 하루에 잎을 1장 먹는데, 하나의 케일을 다 먹고 난 후 다음 케일을 먹는다. 배추흰나비 애벌레 한 마리가 첫 번째 케일을 먹기 시작하여 17일째 세 번째 케일을 먹고 있었다. 처음 4개의 케일의 잎의 수가 모두 같을 때, 케일 1개에 있는 잎의 수가 될 수 있는 수를 모두 구하시오.

2 영재는 새로운 규칙의 주사위 놀이를 했다. 이 놀이는 주사위 1개를 2번 굴려 나온 눈의 수에 따라 일정한 규칙으로 점수를 얻는 놀이이다.

> **주사위 놀이 방법**
>
> 1. 1회에 1개의 주사위를 2번 던진다.
> 2. 주사위를 던져 나온 눈의 수를 차례대로 결과표에 적는다.
> 3. 주사위를 던져 나온 눈의 수에 따라 정해진 규칙으로 점수를 계산한다.

다음은 영재가 주사위 놀이를 한 결과를 표로 나타낸 것이다.

구분	1회		2회		3회		4회		5회		6회		최종점수
눈의 수	5	2	1	4	2	2	4	6	6	3	4	4	45
점수	3		4		4		24		3		8		

놀이 결과를 보고 알 수 있는 주사위 놀이의 점수 계산 방법을 모두 서술하시오.

3 다음 규칙을 보고 물음에 답하시오.

규칙

① 정사각형을 그린다.
② 각 꼭짓점을 중심으로 하여 정사각형의 한 변이 지름이 되는 원을 모두 그린다.
③ 각 꼭짓점을 중심으로 하여 정사각형의 한 변이 반지름이 되는 원을 모두 그린다.
④ 정사각형 밖으로 그려진 원의 일부를 모두 지운다.
⑤ 이와 같은 무늬를 100개를 만들어 이어 붙인 후 큰 정사각형 무늬를 만든다.

(1) 큰 정사각형 무늬를 만들면 작은 정사각형의 한 변이 지름인 원은 모두 몇 개 그려지는지 구하시오.

(2) 큰 정사각형 무늬를 만들면 작은 정사각형의 한 변이 반지름인 원은 모두 몇 개 그려지는지 구하시오.

4 〈그림 1〉과 〈그림 2〉는 같은 모양의 그림이다. 〈그림 1〉의 A, B, C, D, E, F에 해당하는 〈그림 2〉의 숫자를 아래 표에 알맞게 써넣고, 풀이 과정을 서술하시오.

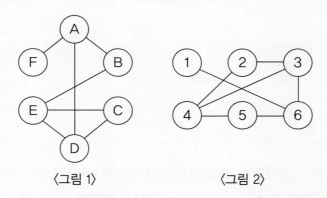

〈그림 1〉   〈그림 2〉

구분	A	B	C	D	E	F
알파벳에 해당하는 숫자						

5 다음 〈보기〉의 모양의 벽돌을 사용하여 화장실 벽면을 채우려고 한다. 물음에 답하시오.

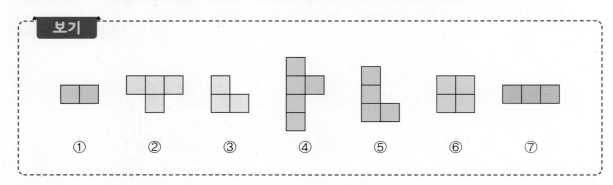

(1) 다음과 같이 화장실 벽면이 색칠된 부분만 벽돌로 채워져 있다. 벽돌로 채워지지 않은 부분을 〈보기〉의 ①번 모양의 벽돌만 사용하여 화장실 벽면을 채우시오.

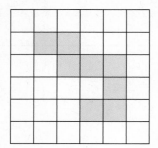　　　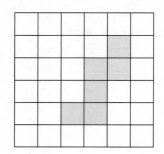

(2) 〈보기〉의 ①~⑦번 모양의 벽돌을 한 번씩 사용하여 다음 화장실 벽면을 채우시오.

(단, 돌리기는 가능하지만 뒤집기는 불가능하다.)

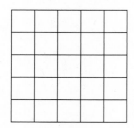

6 하나의 큰 정사각형을 작은 정사각형 조각으로 나누려고 한다. 정사각형을 다양하게 나누면 〈보기〉와 같은 모양이 만들어진다.

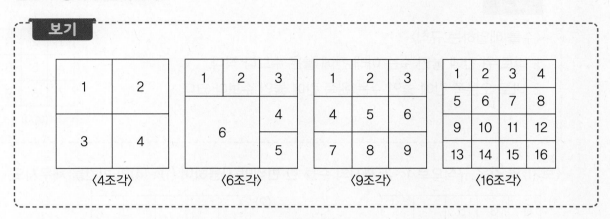

〈보기〉의 정사각형을 참고하여 조건에 맞게 정사각형을 나누고 숫자를 적으시오.

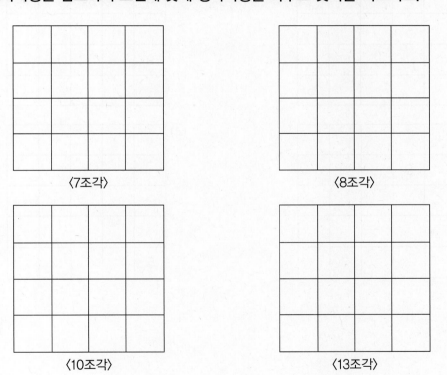

7 〈보기〉는 수를 배열하는 규칙과 그 예시이다.

> **보기**
>
> 〈수를 배열하는 규칙〉
> 1. 바로 위 칸에 놓인 수는 아래 칸에 놓은 수보다 작다.
> 2. 바로 오른쪽 칸에 놓인 수는 왼쪽 칸에 놓인 수보다 크다.
>
> | 1 | 2 | 3 |
> |---|---|---|
> | 4 | 5 | 6 |
> | 7 | 8 | 9 |
>
> (예시)

〈보기〉와 같은 규칙으로 1~25까지의 수를 한 번씩만 사용하여 (1)~(4)의 빈칸을 채우시오.

(1)

1	3	6		
				25

(2)

3		10		12
9				

(3)

	5			

(4)

5				

8 같은 부피의 현무암과 화강암이 있다. 더 무거운 것은 어느 것인지 쓰고, 그 이유를 서술하시오.

〈화강암〉　　　　　〈현무암〉

9 응결 현상이 무엇인지 쓰고, 우리 주변에서 볼 수 있는 응결 현상의 예를 5가지 서술하시오.

① 응결

② 응결 현상의 예

10 국내의 한 기업은 '빼는 것이 플러스다.'라는 슬로건을 내세워 가격에 거품은 빼고, 가성비는 더 한다는 전략으로 가격이 저렴하면서도 품질이 좋은 제품을 판매하여 소비자들로부터 큰 인기를 끌었다. '～빼면 ～ 플러스다.'라는 문구를 넣어 사람들에게 긍정적인 영향을 주는 문장을 5가지 서술하시오.

> **예시**
>
> 가격에 거품을 빼면 판매량이 플러스다.

11 다음 〈자료〉에서 ①, ②와 같은 특징을 가지게 된 원인을 암석의 생성 과정과 관련지어 서술하시오.

자료

유준이는 지난주에 가족과 함께 제주도에서 휴가를 보냈다. 그리고 여행 중에 방문한 제주민속박물관에서 맷돌을 보았다. 맷돌을 자세히 살펴보니 표면에서 두 가지 특징을 찾을 수 있었다.

① 알갱이의 크기가 매우 작다.

② 겉 표면에 크고 작은 구멍이 많이 뚫려 있다.

12 다음은 바이오 디젤에 관한 설명이다. 이러한 바이오 디젤 사용이 인간 생활에 미칠 수 있는 영향 3가지를 쓰시오.

> 바이오 디젤이란 콩기름, 유채기름, 폐식물기름, 해조유(海藻油) 등의 식물성 기름을 원료로 해서 만든 무공해 연료를 통틀어 일컫는 말이다.

13 다음은 혼합물 분리 실험을 위한 준비물이다.

> **준비물**
>
> 자석 종이컵 송곳 수조 물 테이프 자 접시저울 식용유

위의 여러 가지 준비물 중에서 주어진 혼합물을 분리하는 데 필요한 준비물을 골라 다양한 방법으로 혼합물을 분류하는 실험을 설계하고, 실험 결과를 서술하시오.

> **혼합물**
>
> 아몬드 쥐눈이콩 조 스티로폼 구 쇠구슬

14 화성으로 정착민을 보내는 프로젝트에 내가 선발되었다면, 화성에 도착했을 때 하고 싶은 활동과 그 이유를 각각 5가지 서술하시오.

시대에듀가 준비한
특별한 학생을 위한
최상의 학습 시리즈

① 안쌤의 사고력 수학 퍼즐 시리즈
- 14가지 교구를 활용한 퍼즐 형태의 신개념 학습서
- 집중력, 두뇌 회전력, 수학 사고력 동시 향상

② 안쌤의 STEAM + 창의사고력
수학 100제, 과학 100제 시리즈
- 영재교육원 기출문제
- 창의사고력 실력다지기 100제
- 초등 1~6학년

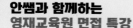

안쌤과 함께하는
영재교육원 면접 특강 ⑧
- 영재교육원 면접의 이해와 전략
- 각 분야별 면접 문항
- 영재교육 전문가들의 연습문제

스스로 평가하고 준비하는! 대학부설·교육청
영재교육원 봉투모의고사 시리즈 ⑦
- 영재교육원 집중 대비·실전 모의고사 3회분
- 면접 가이드 수록
- 초등 3~6학년, 중등

초등 **4** 학년

영재교육원 영재성검사, 창의적 문제해결력 평가 완벽 대비

안쌤의

STEAM
+ 창의사고력
과학 100제

정답 및 해설

시대에듀

이 책의 차례

	문제편	해설편
창의사고력 실력다지기 100제		
Ⅰ. 에너지	001	02
Ⅱ. 물질	022	08
Ⅲ. 생명	044	13
Ⅳ. 지구	066	19
Ⅴ. 융합	088	25
영재성검사 창의적 문제해결력 평가 기출문제	110	30

정답 및 해설

에너지 정답 및 해설

01 마카로니로 배우는 잠수함의 원리

정답

1 이산화 탄소

2 이산화 탄소의 기포가 마카로니의 표면에 달라붙으면 기포에 의해 떠오른다. 표면에 달라붙은 이산화 탄소가 공기 중으로 날아가면 다시 가라앉고, 표면에 이산화 탄소의 기포가 다시 달라붙으면 또 다시 떠오른다.

3 잠수함은 잠수할 때에는 물탱크에 물을 채우고 떠오를 때는 펌프로 물을 빼낸다. 물탱크의 빈 공간에 의해 가벼워지므로 다시 떠오른다.

해설

소다(중탄산나트륨 혹은 탄산수소나트륨)에 식초를 넣으면 초산나트륨이 되면서 이산화 탄소가 발생한다. 실험 결과 마카로니의 표면에 무수히 많은 기포가 생성되고, 점점 기포가 커지면서 마카로니에 작용하는 부력이 커져 마카로니가 떠오르게 되는 것이다. 상승하는 마카로니가 물 표면까지 떠오르게 되면 마카로니의 표면에 생성되었던 기포가 공기 중으로 날아가게 된다. 그러면 마카로니는 다시 바닥에 가라앉게 되고, 이러한 현상은 소다와 식초의 반응이 다하여 이산화 탄소의 생성이 멈출 때까지 계속된다. 그리고 아무것도 넣지 않은 물에 마카로니를 넣어보면 기포가 생성되지 않기 때문에 마카로니는 아무 현상도 일어나지 않는다. ㈐에서 마카로니를 사이다에 넣어서 하는 이유는 사이다가 탄산수(이산화 탄소가 녹아있는 물)이므로 이산화 탄소가 발생하며 실험의 결과와 같이 마카로니가 잠수와 상승을 반복하기 때문이다.

02 움직임이 다른 양초 공

정답

1 비커 (가)에 넣은 양초로 만든 공은 바닥에 가라앉는다.
비커 (나)에 넣은 양초로 만든 공은 중력에 의해 바닥에 가라앉은 다음 곧 수면으로 올라온다.

2 밀도의 크기가 '에틸알코올<양초<물'이기 때문이다.

해설

밀도는 단위 부피당 물질의 질량이다. 즉, 같은 부피라도 밀도가 크면 질량이 크고, 밀도가 작으면 질량이 작다. 돌과 스티로폼을 보면 같은 크기라 할지라도 질량의 차이는 크다. 이 실험에서 밀도의 차이 때문에 양초로 만든 공이 물에서는 가라앉지 않고, 에틸알코올에서는 가라앉는다. 물의 밀도는 $1 g/cm^3$이고, 이것을 1로 하면 에틸알코올은 0.789, 양초는 0.8~0.9이기 때문이다. 액체 속에 넣는 물체의 밀도가 액체의 밀도보다 크면 가라앉고, 작으면 떠오르게 되는 것이다.

03 용수철이 늘어나는 이유

정답

1 10 cm

2 • 용수철의 양쪽에서 똑같이 잡아당기고 있다. 즉, 용수철의 중심 부분에 벽을 세워놓고 절반으로 잘라놓은 용수철의 한쪽에 추 하나를 매달아 놓은 것과 같다.

• 용수철을 절반으로 자르면 추를 매달았을 때 늘어나는 길이도 절반이 되기 때문에 양쪽으로 5 cm씩 늘어나서 총 10 cm 늘어나게 된다.

해설

용수철의 양쪽에 같은 무게의 추를 매달았을 때에는 용수철의 한쪽을 벽에 고정시키고 반대편에 하나의 추를 매달았을 때와 같다. 참고로 용수철은 두 개를 직렬로 연결하면 늘어나는 길이도 두 배가 되고, 두 개를 병렬로 연결하면 늘어나는 길이는 절반이 된다. 또한, 위의 설명에서처럼 용수철을 절반으로 자르면 늘어나는 길이 역시 절반이 된다.

04 가짜 황금 동전을 찾아라!

정답

1 2번

9개의 황금 동전을 각각 A, B, C, D, E, F, G, H, I라 하고, 먼저 A, B, C와 D, E, F를 양쪽 접시에 각각 올려 양팔저울을 1번 사용한다.

① A+B+C=D+E+F일 때, G, H, I 중 하나가 가짜 황금 동전이므로 G와 H를 양쪽 접시에 각각 올려 비교한다.

• G=H이면 I가 가짜 황금 동전이다.

• G<H이면 G가 가짜 황금 동전이다.

• G>H이면 H가 가짜 황금 동전이다.

② A+B+C<D+E+F일 때, A, B, C 중 하나가 가짜 황금 동전이므로 A와 B를 양쪽 접시에 각각 올려 비교한다.

• A=B이면 C가 가짜 황금 동전이다.

• A<B이면 A가 가짜 황금 동전이다.

• A>B이면 B가 가짜 황금 동전이다.

③ A+B+C>D+E+F일 때, D, E, F 중 하나가 가짜 황금 동전이므로 D와 E를 양쪽 접시에 각각 올려 비교한다.

• D=E이면 F가 가짜 황금 동전이다.

• D<E이면 D가 가짜 황금 동전이다.

• D>E이면 E가 가짜 황금 동전이다.

2 2번

8개의 황금 동전을 각각 A, B, C, D, E, F, G, H라 하고, 먼저 A, B, C와 D, E, F를 양쪽 접시에 각각 올려 양팔저울을 1번 사용한다.

① A+B+C=D+E+F일 때, G, H 중 하나가 가짜 황금 동전이므로 G와 H를 양쪽 접시에 각각 올려 비교한다.

• G<H이면 H가 가짜 황금 동전이다.

• G>H이면 G가 가짜 황금 동전이다.

② A+B+C>D+E+F일 때, A, B, C 중 하나가 가짜 황금 동전이므로 A와 B를 양쪽 접시에 각각 올려 비교한다.
- A=B이면 C가 가짜 황금 동전이다.
- A>B이면 A가 가짜 황금 동전이다.
- A<B이면 B가 가짜 황금 동전이다.

③ A+B+C<D+E+F일 때, D, E, F 중 하나가 가짜 황금 동전이므로 D와 E를 양쪽 접시에 각각 올려 비교한다.
- D=E이면 F가 가짜 황금 동전이다.
- D>E이면 D가 가짜 황금 동전이다.
- D<E이면 E가 가짜 황금 동전이다.

🔍 해설

1 양팔저울을 1번 사용하여 가짜 황금 동전을 확실하게 찾을 수 있는 방법은 없다. 2번 사용해야 가짜 황금 동전을 찾을 수 있다. 가짜 황금 동전이 무거운 경우도 같은 방법으로 찾을 수 있다.

2 황금 동전이 8개면 4개씩 묶어서 생각하는 경우가 많다. 8개를 4개씩 나눠서 양팔저울에 올리면 무거운 4개 중에 가짜 황금 동전이 있다. 4개를 2개씩 나눠서 양팔저울에 올리면 무거운 2개 중에 가짜 황금 동전이 있다. 2개를 1개씩 나눠서 양쪽저울에 올리면 무거운 1개가 가짜 황금 동전이다. 이때는 양팔저울을 3번 사용해야 한다. 따라서 8개를 3개씩, 3개씩, 2개씩 묶어서 양팔저울을 2번 사용하는 방법이 가장 적게 사용하는 방법이다.

05 당근으로 배우는 무게중심

정답

1 당근에 실을 묶었을 때 기울어지는 쪽으로 실의 위치를 움직이면서 수평이 이루어질 때까지 반복한다.

2 수평을 이룬다. 손가락이 놓인 지점이 무게중심이므로 수평을 이룬 채 서 있다.

3 두꺼운 쪽으로 양팔저울이 기운다. 당근의 무게중심에서 얇은 쪽이 길어 더 가볍고, 두꺼운 쪽은 짧아 무게가 더 나가게 된다.

🔍 해설

수평잡기의 원리를 보면 당근의 무게중심에서 긴 부분의 무게중심까지의 거리와 긴 부분의 무게의 곱은 당근의 무게중심에서 짧은 부분의 무게중심까지의 거리와 짧은 부분의 무게의 곱과 같으므로 짧은 부분의 무게가 더 무겁다.

06 연우의 어깨를 누르는 힘의 크기는?

정답

1 5 kg중

2 같다.

3 같다.

해설

재우가 연우를 누를 경우 연우가 올라가 있는 저울이 받는 힘은 연우의 몸무게와 재우가 누르는 힘을 합친 힘이다. 한편, 작용 반작용의 원리에 의해 재우가 연우를 누르는 힘만큼 연우는 재우를 위로 밀어낸다. 따라서 재우가 올라가 있는 저울이 받는 힘은 재우의 몸무게에서 연우가 재우를 위로 밀어 올리는 힘을 뺀 값이다. 재우가 연우의 어깨를 누르는 힘을 F라 할 때, 식으로 정리하면 45 kg중−F=35 kg중+F이다. 따라서 재우가 연우의 어깨를 누르는 힘 F는 5 kg중이다. 또한, 연우가 올라가 있는 저울이 받는 힘이 증가하는 만큼 재우가 올라가 있는 저울의 받는 힘이 감소하므로 두 체중계의 눈금은 같다. 또한, 재우의 질량이 변하지 않으므로 재우에 작용하는 중력에는 변동이 없다.

07 햇빛에 비친 먼지들

정답

1 창문으로 들어오는 햇빛은 다른 빛보다 강하기 때문에 강한 빛이 먼지에 닿아서 흩어지면 우리 눈에 먼지가 잘 보이는 것이다.

2 • 노을이 지는 현상
   • 하늘이 파랗게 보이는 현상
   • 바닷물이 푸르게 보이는 현상

해설

창문처럼 햇빛이 들어오는 곳은 빛의 밝기가 다른 곳보다 강하다. 이처럼 강한 빛이 먼지에 닿아서 흩어지기 때문에 창문으로 들어온 햇빛에 먼지가 더 잘 보이는 것이다. 수증기나 연기도 강한 빛 속에서는 더 잘 보이는데 이것 또한 빛이 수증기나 연기의 입자에 부딪혀 흩어지기 때문이다.

08 높이에 따른 비행기 그림자의 변화

정답

1 • 그림자의 크기: 두 비행기의 그림자의 크기는 같다.

• 그림자의 진하기: 비행기 A의 그림자가 비행기 B의 그림자보다 흐리다.

2 • 그림자의 크기: 광원은 지구에서 아주 먼 거리에 있는 태양이므로 지구로 오는 빛은 평행하다. 따라서 지구에서는 광원과 물체 사이의 거리에 따라 그림자의 크기는 변하지 않는다.

• 그림자의 진하기: 물체와 그림자 사이의 거리가 멀수록 다른 영역에서 들어오는 빛이 많아지므로 그림자는 흐려진다.

09 1kg의 쌀 한 봉지를 만드는 방법

정답

1 • A 접시에 1kg의 설탕 한 봉지를 놓고 B 접시에 쌀을 놓아 수평을 맞추면 B 접시에는 2kg의 쌀이 놓이게 된다. A 접시에 놓인 1kg의 설탕 한 봉지를 B 접시로 옮기고, B 접시에 있는 쌀의 일부를 A 접시로 옮겨서 수평을 맞추면 A 접시에는 1kg의 쌀이 놓이게 되고, B 접시에는 1kg의 설탕 한 봉지과 쌀 1kg이 놓이게 된다.

• B 접시에 1kg의 설탕 한 봉지를 놓고 A 접시에 쌀을 놓아 수평을 맞추면 A 접시에는 0.5kg의 쌀이 놓이게 된다. 이때 B 접시에 놓인 설탕을 치우고 쌀을 놓아 수평을 맞추면 B 접시에는 1kg의 쌀이 놓이게 된다.

2 양팔저울의 중심축을 가운데로 이동하여 고정시키면 B 접시 쪽이 무거우므로 B 접시 쪽으로 기울게 된다. 따라서 A 접시에 쌀을 놓아서 양팔저울의 중심을 맞춘다. 그리고 A 접시에 1kg의 설탕 한 봉지를 놓고, B 접시에 쌀을 놓아서 양팔저울이 수평이 되게 만든다. 이때 B 접시에는 1kg의 쌀이 놓이게 된다.

🔍 해설

중심축이 가운데가 아니고 왼쪽과 오른쪽의 거리의 비가 2 : 1이므로 수평을 이루기 위한 왼쪽과 오른쪽의 무게의 비는 1 : 2이다. 이것을 이용하면 1kg의 쌀을 정확히 측정할 수 있다.

10 광원에 따른 그림자의 위치와 밝기

정답

1 • 물체를 광원 위쪽으로 올린다.
  • 광원을 현재 위치보다 아래쪽에 오게 한다.

2 햇빛은 막의 이동에 따라 빛의 밝기가 변하지 않지만, 전등은 멀어질수록 빛의 밝기가 약해진다. 햇빛은 평면파이고 전등은 구면파이기 때문이다.

해설

1 빛은 직진성을 가지고 있기 때문에 위치에 따라 그림자의 위치가 바뀔 수 있다.

2 햇빛은 평면파이고, 전등은 구면파이므로 두꺼운 종이에 구멍을 뚫고 빛을 통과시키면 햇빛은 곧게 나란히 나아가지만 전등의 빛은 점점 폭이 넓어지면서 퍼져 나간다. 햇빛은 직선으로 나가서 멀어져도 에너지(빛)의 변화가 없지만, 전등은 퍼지면서 나가므로 멀어질수록 빛의 세기가 줄어든다.

물질 정답 및 해설

11 세 가지 색의 설탕물 탑의 원리

정답

1 농도가 진한 용액부터 층층이 쌓인다.

2 용액이 섞여 층이 생기지 않는다.

3 농도가 진할수록 밀도가 크므로 농도가 진한 용액부터 넣으면 밀도가 작은 용액이 위로 쌓인다. 하지만 농도가 묽은 용액부터 넣으면 농도가 진한 밀도가 큰 용액이 아래로 내려가면서 용액이 섞이기 때문에 층이 생기지 않는다.

4 비례관계
물에 설탕을 녹이는 경우 설탕물의 질량은 녹이기 전 물과 설탕의 질량의 합과 같다. 하지만 설탕물의 부피는 녹이기 전 물과 설탕의 부피의 합보다 작다. 따라서 설탕물의 밀도는 농도가 진할수록 커진다.

해설

물에 다른 물질을 녹였을 때 녹이기 전의 물의 질량과 녹인 물질의 질량의 합은 생성된 용액의 질량과 같다. 그러나 생성된 용액의 부피는 물 분자와 녹인 물질의 입자 사이의 인력에 따라 녹이기 전 두 물질의 부피의 합보다 커지거나 작아지는 모든 경우가 가능하다. 설탕의 경우는 부피의 합이 작아지므로 농도가 진할수록 밀도가 커진다. 그래서 실린더를 기울여 밀도가 작은 용액을 천천히 스포이트로 벽면을 따라 흘려주면 밀도가 큰 액체 위로 쌓이는 것을 볼 수 있다. 반대로 밀도가 큰 용액을 천천히 흘려주면 밀도가 작은 용액 아래로 이동하면서 두 용액이 섞인다. 단, 밀도가 큰 용액이 밀도가 작은 용액과 섞이지 않는 용액인 경우는 밀도가 큰 용액이 밀도가 작은 용액 아래로 쌓인다.

12 다양한 성질을 이용한 혼합물의 분리

정답

1 ㉠ 알갱이의 크기 차이를 이용
ㄴ 철이 자석에 붙는 성질 이용
ㄷ 밀도차를 이용
ㄹ 밀도차를 이용
ㅁ 밀도차를 이용
ㅂ 철이 자석에 붙는 성질 이용
ㅅ 알갱이의 크기 차이를 이용
ㅇ 물에 녹는 성질을 이용

2 • [1 단계]: 철가루가 자석에 붙는 성질을 이용
• [2 단계]: 소금이 물에 녹는 성질을 이용
• [3 단계]: 알갱이의 크기 차이를 이용

13 설탕물의 진하기 비교하기

1 A<B

설탕이 완전히 녹지 않은 상태이므로 설탕에 가까울수록 더 진하다.

2 A=B

설탕물은 균일 혼합물이므로 용액 전체의 진하기는 같다.

3 더 진해진다.

설탕물을 방치해 두면 물은 증발하지만 설탕은 그대로이다. 따라서 설탕물의 진하기는 더 진해진다.

4 A=B

설탕물은 균일 혼합물이므로 용액의 농도가 진해져도 용액 전체의 진하기는 같다.

🔍 해설

설탕물은 균일 혼합물이므로 항상 용액 전체의 농도는 같다. 용액 전부의 농도가 진해질 수는 있어도 부분적으로 농도가 다르게 나타나지는 않는다.

14 비닐로 자석을 감싸는 이유

1

실험 방법	분리된 물질	이용된 원리
물에 넣고 잘 섞은 후 물을 증발시키는 경우	흑설탕	흑설탕이 물에 잘 용해되어 물만 증발시키면 흑설탕만 남는다.
자석을 이용한 경우	철가루	철가루가 자석에 붙는다.
눈이 큰 체를 이용한 경우	콩	분리되어 나온 알갱이가 체보다 크기 때문에 쌀과 좁쌀이 빠져 나간다.
눈이 작은 체를 이용한 경우	쌀	분리되어 나온 알갱이가 체보다 크기 때문에 좁쌀이 빠져 나간다.

2 자석에 철가루를 붙여 분리한 후 철가루를 쉽게 떼어내기 위해서이다.

15 아르키메데스가 찾은 왕관의 비밀

정답

1 물체의 부피

2 순금>순은

3 왕관이 순금으로 만들어졌다면 넘친 물의 양이 같아야 한다. 하지만 넘친 물의 양이 순금보다 많기 때문에 왕관은 순금으로 만들지 않았음을 알 수 있다.

해설

밀도는 단위 부피당 질량을 나타낸다. 순금은 순은보다 밀도가 높아서 같은 질량일 때 순금의 부피는 순은의 부피보다 작다. 그래서 부피가 작은 순금은 부피가 큰 순은보다 적은 양의 물을 밀어낸다. 그런데 왕관이 밀어낸 물의 양은 순금보다 많고 순은보다 적으므로 왕관은 100% 순금이 아니라는 것을 판단할 수 있다.

16 사람을 냉동인간으로 만들려면?

정답

1 • 강물은 바닥부터 언다.
 • 빙산이 바닷물에 떠 있을 수 없다.
 • 추운 겨울에는 물속에 물고기가 살 수 없다.
 • 겨울에 수도관이 터지는 일은 생기지 않는다.

2 체액을 빼내고 급속 냉동한다.

해설

1 물이 얼음인 고체 상태로 변하면 부피가 증가하여 밀도가 감소하므로 물 위에 뜨게 된다. 그래서 물은 표면부터 얼고, 빙산이 물 위에 떠 있으며 수중 생태계가 보호된다.

2 우리 몸의 대부분은 수분이므로 냉동시키면 부피가 증가해 세포 또는 혈관이 파괴될 수 있다. 그래서 체액을 뽑아 40%는 급속 냉동시키고 60%는 동결방지제를 넣어 보관한다고 한다.

17 수박과 얼음을 이용한 시소 실험

정답

1 시간이 지나면 얼음이 녹아 시소는 수박 쪽으로 기울게 되고, 둥근 수박은 굴러 떨어질 것이다. 수박이 굴러 떨어지고 나면 시소는 얼음 쪽으로 기울게 되고, 얼음은 떨어지거나 기울어진 채 녹을 것이다.

2 얼음이 녹아 증발되는 것보다 수박 속에 있는 수분이 증발되는 것이 더 빠르기 때문에 시소는 얼음을 담은 용기 쪽으로 기울게 되고, 더 기울어지면 밑이 둥근 수박이 떨어질 것이다.

해설

1 햇빛에 얼음이 약간 녹으면 즉시 시소는 수박 쪽으로 기울게 된다. 그와 동시에 둥근 수박은 땅으로 굴러 떨어지고, 시소는 다시 얼음 쪽으로 기울게 된다. 이때 얼음은 떨어지거나 기울어진 상태로 녹을 것이다.

2 윗부분이 잘린 수박은 수분이 증발될 것이고, 용기 안에 있는 얼음도 증발될 수 있다. 그러나 수박에 있는 수분은 바로 증발하고, 얼음은 녹았다가 증발하게 된다. 따라서 수박에 있는 수분이 더 빨리 증발하게 되어 시소는 얼음을 담은 용기 쪽으로 기울게 된다.

18 튀김 요리를 할 때 기름이 튀는 이유

정답

1 기름보다 무거운 물이 기름 밑으로 가라앉으면 기름 속에서 순간적으로 끓어 부피가 1,600배 이상인 큰 수증기로 되어 기름 속에서 튀어 나온다. 이때 뜨거운 기름도 함께 튀는 것이다.

2 물은 기름보다 밀도가 높은 성질 때문이다.

3 김치 부침개 반죽 속의 수분이 뜨거운 기름을 만나면 터지듯이 부피가 크게 증가하면서 요란한 소리가 나는 것이다.

해설

1,2 뜨거운 기름에 물방울이 떨어지면 물은 기름보다 무거워서 기름 밑으로 가라앉는다. 물은 기름 속에서 순간적으로 끓으면서 부피가 1,600배 이상 커져 폭발하듯 튀어 나가는데, 이때 뜨거운 기름까지 튀게 되는 것이다. 물속에 기름 한 방울을 떨어뜨리면 기름이 둥둥 뜨는 것을 볼 수 있다. 이것은 물의 밀도가 1이라면 기름의 밀도는 0.8로 물이 기름보다 밀도가 높기 때문이다.

3 160~200 ℃에 이르는 끓는 기름에 수분이 있는 음식을 넣으면 음식물 속에 포함되어 있던 수분이 기화하게 된다. 이때 물의 부피가 기체로 팽창하면서 그 부피가 1,600배 이상 커지게 되므로 폭발하듯이 요란한 소리를 내며 마구 튀어 오르게 된다. 그리고 물이 기화되어 튀어 오를 때 기름도 함께 튀어 올라 위험하지만 시간이 지나 음식물 속의 수분이 점차 없어지면 기름이 튀지 않고 소리도 줄어든다.

19 간단하게 아이스크림을 만드는 방법

정답

1 얼음을 잘게 부수면 쉽게 녹아 버린다. 따라서 소금이 얼음에 녹기보다는 물에 녹아서 아이스크림이 만들어지지 않는다.

2 소금이 얼음 표면의 물에 용해될 때 주위의 열을 흡수해 주변 온도가 내려가는 원리를 이용했다.

해설

얼음을 잘게 부수면 쉽게 녹아 버리므로 적당한 크기로 부숴 얼음과 소금이 닿은 부분을 넓혀 주어야 한다. 소금은 용해 과정이 주위의 열을 흡수하는 흡열 과정이므로 주변의 온도가 내려간다.

20 연예인이 공연할 때 사용하는 하얀 연기의 원리

정답

1 ㉠: 작은 물방울
　㉡: 작은 물방울

2 그림 (가): 승화, 액화
　그림 (나): 기화, 액화

3 액화

4 그림 (가)에서 드라이아이스는 이산화 탄소 기체가 되면서 수증기를 물로 만든다. 이산화 탄소는 공기보다 무거워 아래로 내려오므로 흰 연기가 아래쪽으로 생긴다.
그림 (나)는 위로 올라가는 수증기가 밖으로 나오면서 액화되는 것이므로 흰 연기가 위쪽으로 생긴다.

해설

1 그림 (가)는 드라이아이스가 승화하면서 주위의 열을 흡수한다. 주변에 있던 수증기가 열을 뺏겨 물로 변하는 현상이다. 그림 (나)는 가열되어 기화된 수증기가 주전자 밖으로 나오면서 온도가 낮아져 다시 물이 되는 현상이다.

2 그림 (가): 드라이아이스 → 이산화 탄소(승화),
　　　　　　 수증기 → 물(액화)
　그림 (나): 주전자 안의 물 → 수증기(기화),
　　　　　　 밖으로 나온 수증기 → 물(액화)

생명 정답 및 해설

21 꽃잎이 열리고 오므라드는 시기

정답

1 민들레는 해 뜰 무렵에 꽃잎이 열려서 해 질 무렵에 꽃잎이 오므라들므로 빛의 영향이 가장 크다고 볼 수 있다.

2 튤립은 꽃잎이 11시경에 열리고 15시경에 오므라들므로 빛과 온도의 영향을 받는다고 볼 수 있다.

해설

식물은 계절을 인식하여 제철에 꽃을 피운다. 환경의 변화를 식물이 알아내는 방법에는 두 가지가 있다. 첫째는 온도이며, 둘째는 밤낮 길이의 변화를 측정하는 것이다. 봄에 피는 대부분의 꽃들은 그 이전 해에 만들어진 꽃눈이 따뜻한 기온을 신호로 하여 터져 나오는 것이다. 이때 겨울 날씨가 온난하면 봄꽃이 일찍 피기 때문에 벚꽃이 피는 시기는 그 해의 봄 날씨에 좌우되는 것이다. 그런데 대부분의 봄꽃은 겨울을 지내지 않으면 꽃을 피우지 않는다. 낮은 온도에 식물이 노출되어야 꽃 분화가 일어나기 때문이다. 그러나 모든 식물이 온도의 변화만을 인식하는 것은 아니다. 어떤 식물은 밤낮의 길이를 측정함으로써 일 년 중 정확한 날짜에 꽃을 피운다. 무궁화가 한여름에 피는 이유는 점점 짧아지는 밤의 길이를 재다가 하지가 가까워지면 개화 호르몬을 만들기 때문이다. 또, 국화와 같은 가을 식물은 길어지는 밤에 개화 신호가 생산되어 꽃 분화를 시작하기 때문이다.

22 비닐이 식물의 성장에 미치는 영향

정답

1 • 같게 한 조건: 화분의 크기, 강낭콩의 수, 강낭콩의 종류, 흙의 종류, 물 주는 양
 • 다르게 한 조건: 비닐의 크기, 비닐이 묻힌 깊이

2 비닐은 식물이 자라는 데 필요한 공기와 물의 이동을 막는다.

해설

비닐을 토양에 묻으면 토양에서의 물과 공기의 이동을 막는다. 따라서 식물체의 뿌리가 상하게 되어 죽는 현상이 나타나며, 비닐 아랫면의 흙은 공기가 통하지 않기 때문에 토양의 질이 나빠져 환경에 좋지 않은 영향을 미치게 된다. 또한, 실험 결과에서 죽은 강낭콩의 뿌리가 썩은 것으로 보아 비닐 때문에 물이 빠지지 않고, 비닐이 공기와 물의 접촉을 막는다는 것을 알 수 있다. 비닐은 토양에서 썩는 데 걸리는 시간은 약 500년이다.

23 씨앗이 싹트는 데 필요한 조건

정답

1 씨앗이 물에 잠긴 위치, 물의 온도, 햇빛

2 물의 온도(15~20 ℃)와 씨앗이 물에 잠긴 위치

3 씨앗의 아랫부분만 물에 잠기게 하고, 물의 온도를 15~20 ℃로 맞춘다.

해설

1 그림에서 씨앗이 물에 잠긴 위치가 다르며, 표에서 보면 물의 온도와 햇빛에 차이를 주었다. 따라서 민재는 씨앗이 물에 잠긴 위치, 물의 온도, 햇빛의 요소가 씨앗이 싹을 틔우는 데 영향을 준다고 생각했다.

2 씨앗이 싹을 틔우는 데는 물의 양과 온도, 공기가 관계가 있고 햇빛의 양은 관계가 없다. 따라서 그림 (가)와 (다)는 물의 양이 너무 많고 적기 때문에 싹이 트지 않고, 실험 ㉠과 ㉣은 온도가 너무 낮아서 싹이 트지 않는다.

3 씨앗을 싹을 틔우게 하려면 적절한 물(씨앗이 잠기지 않을 정도)의 양과 물의 온도(15~20 ℃)가 필요하다.

24 강낭콩이 자라는 것을 측정하는 방법

정답

1 • 1모둠: 한 포기 안에서도 잎의 크기가 다양하므로 단순히 다른 포기의 잎의 크기를 비교하는 것은 적절하지 않다.

• 2모둠: 잎이 자라는 정도를 알 수 없고, 식물의 생장에 좋지 않은 영향을 주므로 적절하지 않다.

• 5모둠: 다른 화분에서 자라는 강낭콩은 다른 조건에 자라고 있으므로 비교하기에는 알맞은 기준이 아니므로 적절하지 않다.

2 강낭콩은 곤충과 새, 바람과 관계없이 스스로 열매를 맺게 하는 능력을 갖추고 있기 때문이다.

해설

1 생물이 점차 자라나는 것을 생장이라 한다. 식물의 생장은 길이 생장, 부피 생장 등이 있으므로 다양한 방법으로 측정하는 것이 좋다.

• 1모둠: 한 포기 안에서도 잎의 크기는 다양하므로 단순히 다른 포기의 잎과 크기를 비교하는 것은 얼마나 자랐는지를 재는 데 적절하지 않다.

• 2모둠: 잎을 따서 붙여 버린다면 그 잎이 자라는 정도를 알 수 없고, 식물의 생장에 좋지 않은 영향을 미치게 되므로 잘못된 방법이다.

• 5모둠: 다른 화분에서 자라는 강낭콩은 다른 조건에서 자라고 있으므로 자신이 키우고 있는 강낭콩의 생장 정도를 비교하기에는 알맞은 기준이 되지 못한다. 다른 조사를 위해 비교, 관찰하는 것은 가능하다.

2 강낭콩은 암술과 수술이 한 꽃에 있으며 자가수분이 가능하기 때문에 곤충과 새, 바람과 관계없이 열매를 맺을 수 있다.

25 싹을 잘 틔우게 씨앗을 심는 방법

정답

1 • 같게 해야 할 조건: 토양 성분, 물을 주는 양, 햇빛의 양, 심는 씨앗의 개수, 공기 중 습도, 온도, 씨앗을 심는 방향 등
   • 다르게 해야 할 조건: 씨앗을 심는 땅속 깊이
   씨앗을 심는 땅속 깊이에 따른 싹이 피는 것을 알아보는 것이므로 씨앗을 심는 땅속 깊이만 변화시키고 나머지는 모두 같게 해 주어야 한다.

2 강낭콩 4.5 cm, 분꽃 1.5 cm, 봉숭아 0.6 cm
   씨앗의 길이가 길어질수록 심은 위치도 깊어진다는 것을 알 수 있으며, 씨앗의 길이의 3배 정도 깊이가 싹을 틔우는 데 알맞은 위치라는 것을 알 수 있다.

3 실험 결과를 보면 대략 씨앗의 길이의 3배 정도 되는 위치에서 싹이 튼 씨앗이 가장 많다. 호박씨의 길이는 2 cm이므로 약 3배인 6 cm 정도의 깊이에서 가장 많은 싹이 틀 것이다.

26 가을에 나뭇잎이 붉게 물드는 이유

정답

1 가을이 되면 녹색을 띠는 엽록소의 양이 줄어들어, 붉은색 계통의 카로틴과 크산토필의 양이 상대적으로 많아지기 때문이다.

2 나뭇잎 속에 포함되어 있는 엽록소의 양을 줄이면 나무(식물)의 수분을 소모하는 광합성의 양이 줄어 건조한 환경에 적응할 수 있다.

해설

잎은 빛을 이용해 공기 중의 이산화 탄소와 뿌리로부터 흡수한 물을 재료로 광합성을 하여 양분을 만든다. 이 과정에서 식물은 매우 많은 양의 물을 증산작용을 통해 공기 중으로 배출한다. 가을이 되면 기온이 내려가고 공기가 건조해지므로 이때 나뭇잎은 수분이 부족하게 되어 식물은 살아남기 위해 성장을 멈추고, 엽록소를 분해해 광합성량을 줄인다. 식물의 잎에는 엽록소 외에 카로틴과 크산토필과 같은 다른 색소를 포함하고 있는데, 이들 색소는 여름에는 많은 양의 엽록소에 가려져 눈에 띄지 않다가 가을이 되어 엽록소가 분해되면 드러나 붉고 노란색의 단풍을 만든다.

27 나무를 옮겨 심을 때 주의할 점

정답

1 나무의 잎의 수를 최소화한다. 그 이유는 나무를 옮겨 심는 동안 증산작용을 통해 나무 내부에 있는 물을 빼앗겨 나무가 말라죽는 것을 막기 위해서이다.

2 • 나무를 옮겨 심는 동안 흙 속에 있는 물을 흡수하여 나무가 말라죽는 것을 막기 위해서이다.
• 뿌리 주위의 흙을 함께 옮겨 심으면 나무의 가는 뿌리털이 손상되는 것을 최소화할 수 있다.
• 흙 속에 포함되어 있는 미생물을 함께 옮겨 심어 나무가 새로운 환경에 쉽게 적응할 수 있다.

해설

식물이 뿌리에서 흡수한 물은 식물체의 여러 부분에서 사용하고, 나머지는 잎을 통해 수증기의 형태로 밖으로 빠져 나가는데, 이러한 과정을 증산작용이라 한다. 증산작용은 잎의 수가 많을수록 잘 일어나므로 식물을 옮겨 심을 때는 증산작용을 통한 식물의 수분 손실을 막기 위해 가지를 쳐 잎의 수를 최소화한다. 또한, 나무를 옮겨 심을 때는 나무 뿌리 주위의 흙도 함께 옮겨 심는다. 그 이유는 나무를 옮겨 심는 동안 나무가 흙 속의 물을 계속적으로 흡수하여 말라죽는 것을 막기 위해서이다. 또, 나무를 옮겨 심는 동안 나무의 가는 뿌리털이 손상되는 것을 최소화하고, 흙 속에 포함되어 있는 미생물을 함께 옮겨 나무가 새로운 환경에 쉽게 적응할 수 있도록 하는 것도 중요한 이유가 된다.

28 설탕물의 높이가 변하는 이유

정답

1 플라스크의 물의 높이는 높아진다. 달걀 속껍질인 반투막 사이로 플라스크 안의 농도가 플라스크 밖의 농도보다 높으므로 물이 플라스크 안으로 이동하기 때문이다.

2 비닐은 물이 투과하지 못하므로 플라스크의 물의 높이는 변하지 않는다.

3 식물의 뿌리에서 물을 흡수하는 원리로 이용된다.

해설

반투막은 용매(물)는 통과하나 용질(설탕)은 통과하지 못하는 막으로 셀로판 막, 세포막, 달걀 속껍질 등이다. 농도가 다른 두 액체를 반투막으로 막아 놓았을 때에 용액의 농도가 낮은 쪽에서 높은 쪽으로 용매가 이동하는 현상을 삼투 현상이라 한다.

29 달개비 잎의 기공 관찰

정답

1 앞면은 푸른색, 잎의 뒷면은 붉은색이다.
잎의 증산작용은 주로 잎의 뒷면에 많이 분포한 기공에 의해 일어나므로 잎의 뒷면에 수분이 많아 염화코발트지가 붉은색으로 변한다.

2 • 반사경을 조절한다.
  • 조리개를 열어 준다.
  • 반사경을 조금 더 오목한 것으로 바꾼다.

해설

1 염화코발트지는 수분 검출을 할 때 사용한다. 수분이 있을 때에는 붉은색, 수분이 없어 건조한 상태일 때에는 푸른색을 띤다.

2 현미경에서는 상의 밝기를 조리개와 반사경을 통해 조절할 수 있다. 반사경은 오목 거울을 이용해 외부의 빛을 모아 반사시켜 프레파라트를 통해 대물렌즈로 빛이 들어갈 수 있도록 한다. 조리개는 카메라의 조리개와 같이 재물대 밑에 붙어 있으며, 반사경에 의해 외부로부터 들어오는 빛의 양을 조절하는 역할을 한다.

30 방 안에 식물을 많이 가져다 놓으면?

정답

1 밤에는 햇빛이 없으므로 식물은 산소를 만드는 광합성을 하지 않는다. 즉, 산소를 마시는 호흡만 하므로 오히려 방 안에 산소가 부족해진다.

2 얇고 넓은 구조를 하고 있어 빛을 받아들이기에 알맞은 구조를 하고 있다. 또, 위쪽의 잎과 아래쪽의 잎들이 서로 엇갈리게 배열되어 있어 효율적으로 빛을 흡수할 수 있다.

3 옳지 않다.
엽록체를 가지고 있는 박테리아나 원생동물도 영양분을 만들 수 있기 때문이다.

해설

1 식물은 산소뿐만 아니라 이산화 탄소도 내보낸다. 이것은 식물도 동물과 마찬가지로 산소를 마시고 이산화 탄소를 내보내는 호흡을 하고 있기 때문이다. 식물은 낮에 광합성이 활발하여 많은 양의 산소를 만들어 낸다. 이렇게 만들어진 산소는 식물이 호흡하는 데 필요한 양을 보충하고도 많이 남게 되어 식물체 밖으로 내보내는 것이다. 이때 내보내는 산소의 양이 호흡을 하고 내보내는 이산화 탄소의 양보다 훨씬 많기 때문에 식물이 산소만을 내보내는 것으로 생각하기도 한다. 그러나 밤에는 햇빛이 없기 때문에 식물이 광합성을 하지 못한다. 따라서 밤에는 식물이 산소를 마시고 이산화 탄소를 내보내는 호흡만 한다.

2 식물의 잎은 광합성을 통해 양분을 만들기 위한 장소이다. 잎은 광합성에 필요한 빛을 효율적으로 흡수할 수 있도록 대부분 얇고 넓은 구조를 하고 있다. 또, 보통 위와 아래의 잎이 서로 엇갈리게 배열되어 밑에 있는 잎도 빛을 충분히 흡수할 수 있도록 적응했다.

3 식물 외에도 박테리아나 원생동물도 영양분을 만들 수 있다. 그리고 최근에는 바다 표면에서 발견되는 광합성 박테리아가 식물과 같은 방법으로 영양분을 만드는 것으로 밝혀졌다. 광합성 박테리아는 20년 전 해초가 많거나 해변의 모래밭 같이 유기 물질이 풍부한 곳에서 처음으로 발견되었다. 또한, 원생동물 중에는 체내에 엽록체를 가지고 있어 광합성을 통해 영양분을 만드는 유글레나도 있다. 그리고 뿌리에 기생하는 박테리아로 식물과 에너지를 주고받으면서 영양분을 만들어 번식하는 뿌리혹박테리아가 있다.

지구 정답 및 해설

31 화석을 발견할 확률이 높은 암석은?

정답

1 A

알갱이가 단단하고, 줄무늬가 있어 땅속 깊은 곳에서 큰 힘을 받아 만들어진 암석이라는 것을 알 수 있다.

2 C

3 A와 B는 높은 열에 의해 큰 변화를 겪으면서 생성되므로 화석이 발견될 수 없다. 하지만 C는 크고 작은 알갱이들로 단순히 뭉쳐서 생성되므로 화석이 발견될 확률이 가장 높다.

해설

A는 검고 흰 줄무늬가 교대로 휘어져 있는 것으로 보아 변성암(편마암)이며, B는 암석의 색과 구멍으로 보아 화성암 중 화산암(현무암)이다. 마지막으로 C는 크고 작은 알갱이들로 뭉쳐진 것으로 보아 퇴적암 중 역암이다. 편마암은 열과 압력을 받아야 하므로 용암이 굳어진 현무암보다도 더 깊은 곳에서 만들어진다. 변성암과 화성암은 높은 열에 의해 큰 변화를 겪으므로 화석이 발견될 수 없다.

32 불 타는 석탑에 물을 뿌리면 안 되는 이유

정답

1 (나), 화강암

2 화강암은 석영, 장석, 운모가 조립질 결정으로 모여 있다. 이것들은 열팽창률이 서로 달라서 열을 받으면 균열이 생기며 부서지기 쉽기 때문에 화재에 약하다.

해설

한창 열이 오른 상태에서 갑자기 찬물을 끼얹으면 돌은 그대로 터져버린다. 열을 받아 균열이 생긴 상태에서 찬물을 끼얹으면 틈으로 들어간 물이 열에 의해 기화하면서 부피가 팽창하기 때문이다.

33 과거에 일어난 사건들을 간직한 지층

정답

1 석회암 – 셰일 – 사암 – 응회암 – 역암 – 화강암

2 응회암은 화산 활동에 의해 생긴 암석이다. 따라서 과거에 주변에서 화산 활동이 있었다는 것을 알 수 있다.

3 해수면이 낮을수록 퇴적물의 알갱이가 커진다. 따라서 지층이 융기했다는 것을 알 수 있다.

해설

지층의 생성 순서는 '석회암 – 셰일 – 사암 – 응회암 – 역암 – 화강암' 순이다. 지층은 퇴적 당시의 해수면과 수평으로 쌓인다. 지층의 역전이 없는 경우 아래의 지층일수록 오래된 것이다. '석회암 – 셰일 – 사암' 순으로 퇴적된 것으로 보아 퇴적물 알갱이의 크기가 위로 갈수록 커지므로 지층이 융기한 것이다. 융기는 빙하가 녹거나 지표면이 풍화와 침식을 받아서 지각을 누르고 있는 힘이 제거되어 밑에 눌려 있던 땅이 솟아오르는 것을 말한다. 또한, 지층 중 응회암층이 존재하므로 과거에 주변에서 화산 활동이 있었다.

34 석탄, 석유, 천연가스는 왜 화석연료라 할까?

정답

1 옛날에 살았던 생물들이 남겨 놓은 흔적이기 때문이다.

2 석탄은 식물이 죽어서 만들어진 것이기 때문이다.

3 • 대체연료를 개발한다.
　• 화석연료를 아껴 쓴다.

해설

석탄은 먼 옛날 지구상에 무성했던 식물이 죽어 물속에 퇴적되고, 그 위에 지층이 형성되면서 높은 압력과 열을 받았으나 산소의 부족으로 타지 않고 탄소 알갱이로 남게 된 것이다. 땅속에서 캐내는 검은 돌은 모두 우리가 땔감으로 쓸 수 있는 석탄일까? 똑같은 검은 돌인데 안 타는 돌도 오랜 옛날에 산소가 적은 바다 깊은 웅덩이에 바닷말이나 미생물의 시체가 쌓여 지열과 지압과 박테리아의 작용을 받아 생긴 것이라 생각된다. 그래서 옛날에 살았던 생물들이 남겨 놓은 흔적이라 할 수 있다. 이런 까닭에 석탄, 석유, 천연가스와 같은 연료를 '화석연료'라 부르는 것이다. 1900년 이전까지만 해도 석탄을 이용하여 에너지를 얻었으나 그 이후 석유가 많이 쓰였다. 그러나 1920년대 항공기 등 교통기관에 석탄이 쓰이게 됨으로써 다시 많은 양을 써 오고 있다. 앞으로는 지금보다 더 필요하게 되어 곧 바닥이 날 것이다. 우리는 석탄과 석유를 아껴 쓰고 대체연료 개발 연구를 위해 노력해야 할 것이다.

35 남극과 북극에도 화석이 있을까?

정답

1 생길 수 있다. 눈과 얼음에 파묻혀 생물이 남아 있을 수 있기 때문이다.

2 냉동되어 썩지 않는다. 얼음이 누르는 압력은 작으므로 보존이 잘 된다. 해동시키면 원상태의 살과 털이 그대로이다.

3 육지에서 살던 생물이 죽어서 큰 홍수로 인해 물속에 떠밀려와 뻘에 묻힌다. 그 후 썩거나 녹아버리기 전에 흙과 모래 등이 덮어 그 지층의 무게나 화학 변화로 인해 굳어지면 육지에 살던 생물이 물밑에서 화석이 된다.

🔍 해설

시베리아에서 얼음에 파묻힌 화석이 발견되었다. 이것은 매머드라는 코끼리인데 지구상에서는 자취를 감춘 동물로, 냉동되어 썩지 않고 수만 년을 지냈다고 추측된다. 발견 당시 원상태대로 털이 그대로 남아 있었으며, 몸에 있는 살은 개가 먹을 만큼 신선했다고 한다. 이런 화석의 코와 현재 코끼리의 코를 비교하여 옛날의 코끼리의 모양을 추측할 수도 있는 것이다. 지구의 변화는 지금보다 옛날로 갈수록 심했다고 한다. 큰 홍수나 생존 경쟁 등으로 동물이 죽어 물속에 떠밀려와 뻘에 묻히게 되면 썩거나 녹아 버리기 전에 흙과 모래 등이 덮어 그 지층의 무게나 화학 변화에 의해 생물체의 시체 모양이 그대로 굳어 화석이 된다.

36 공룡을 부활시킬 수 있을까?

정답

1 • DNA가 변형될 확률이 높기 때문이다.
   • 어느 시대의 DNA인지 구별하기 힘들기 때문이다.
   • DNA를 추출하는 과정에서 오염될 가능성이 높기 때문이다.

2 • 중생대와 다른 환경에 적응하기 힘들 것이다.
   • 현재의 동식물이 먹이로 적합하지 않을 것이다.

🔍 해설

호박 속에 갇힌 곤충으로부터 온전히 보존된 DNA를 추출할 수 있다고 주장하는 대표적인 과학자는 캘리포니아 과학기술 주립대학의 라울 카노 박사이다. 그는 1993년 '바구미'라는 화석으로부터 DNA를 추출했을 뿐 아니라, 1995년에는 2500만 년 전쯤에 살았던 것으로 추정되는 벌에 기생하는 박테리아를 호박 속에서 찾아내 다시 생명을 불어넣기도 했다. 고대 동물의 DNA를 찾아낼 수 있다고 믿는 긍정론자들은 대부분 그의 주장을 따르고 있다. 그러나 영국 자연사 박물관의 분자생물학자 리처드 토마스 박사는 "설령 호박 속에서 많은 양의 DNA를 찾더라도, 그것은 아주 크게 변형된 상태일 겁니다."고 말한다. 호박의 재료인 송진이 그렇게 단단한 유전자 보존창고가 아니라는 이야기다. 토마스 박사는 그의 연구생들과 함께 호박 속에 보존된 파리 표본을 연구했다. 약 400만 년 전의 것으로 추정되는 이들 표본 중에는 몇 해 전 유전자를 복구했다고 보고된 도미니크 호박에 들어있던 표본도 포함되어 있었다. 그러나 그들은 그 속에서 DNA를 발견할 수 없었다. 15개의 표본을 조사했지만 모두 허사였다. 이에 덧붙여 그는 호박 속에서는 DNA가 온전한 상태로 남아있기 힘들 뿐 아니라, DNA를 추출하는 과정에서 다른 DNA에 오염될 가능성이 매우 높으며 추출한 DNA가 어느 시대의 DNA인지 구별하기가 매우 힘들다는 사실도 알아냈다. 그리고 그는 지금까지 보고된 연구 결과도 믿을

수 없다는 입장을 밝혔다. 영국의 자연사 박물관이 부정적인 결과를 발표하자 미국의 자연사 박물관도 이에 동조하는 의견을 냈다. 미국 스미소니언 박물관 마이클 브라운 박사 역시 "고대 동물의 DNA를 복원하는 이야기는 이제 끝났다."며 허탈해 했다. 그 후 많은 과학자는 지난 수년 동안 호박 속에서 발견된 고생물들의 유전 물질이 모두 심하게 변형된 상태였다는 연구 결과를 내놓았다. 생물학자들은 유전자의 분자 구조는 깨지기 쉽기 때문에 호박 속에서 100만 년도 견디기 힘들다고 말한다. 최근 발견된 네안데르탈인의 DNA는 겨우 3만 년에서 10만 년 정도된 것이고, 1990년대 초반부터 그동안 호박 속에 보존된 DNA를 발견했다는 보고가 몇 차례 더 있긴 했지만, 그 후의 연구는 아무런 성과도 얻지 못한 채 끝나버렸다. 그리고 설사 공룡을 부활시킨다 하더라도 공룡이 실제로 살아남을 수 있을지는 여전히 의문으로 남는다. 중생대에 적응된 DNA를 통해 부활한 공룡이 과연 지금의 환경에 적응할 수 있을까? 날씨와 기후, 전혀 다른 자연환경은 그들의 생존을 위협하는 요소가 될 것이다. 또한, 현재의 동식물들을 먹이로 먹었다가는 소화불량에 걸릴 수도 있다. 그렇다고 중생대 자연환경을 조성해 주자니 그 당시의 동식물들을 전부 부활시켜야 하는 만만치 않은 어려움이 따른다.

37 지진을 기록하는 지진계의 원리

정답

1 지진계에 있는 추는 관성에 의해 흔들리지 않고 나머지 부분이 흔들려서 지진이 기록된다.

2 지진계는 동서 방향의 진동을 기록하는 수평 지진계이므로 남북 방향의 수직 진동은 기록되지 않는다.

3 동서 방향의 진동을 기록하는 수평 지진계이므로 동서 방향으로 지진계를 흔들면 동서 방향의 진동이 기록될 수 있다.

해설

지진계의 원리는 관성을 이용한 것이다. 기계적 장치는 지면에 고정된 틀과 이에 부착된 자유진자로 구성되어 있다. 틀이 지면과 함께 진동할 때 자유진자는 관성 때문에 뒤에 남게 되어 이들 사이에 발생하는 상대 운동을 기록한다. 무거운 추를 매달아 놓으면, 땅이 흔들릴 때 지진계의 몸체는 움직이지만, 강철선에 연결되어 공중에 떠 있는 무거운 추는 움직이지 않는다. 이때 추에 달린 펜이 기록을 하게 되는 것이다.

38 암석의 알갱이 생성에 대한 실험

정답

1 암석의 알갱이의 크기는 생성 환경에 따라 다르다.

2 비커 (가)는 알갱이의 크기가 작고, 비커 (나)는 알갱이의 크기가 크다.

3 알갱이 생성 환경의 온도가 다르기 때문이다.

4 화강암은 알갱이의 크기가 크므로 지하 깊숙한 곳에서 생성된 것이고, 현무암은 알갱이의 크기가 작으므로 지표면에서 생성된 것으로 유추할 수 있다.

해설

백반 실험은 암석의 결정이 생성되는 환경을 보여주는 모의실험이다. 암석을 이루는 알갱이의 크기는 다양하다. 백반 포화용액이 식는 환경에 따라 석출되는 알갱이의 크기에서 어떤 차이가 있는지 알아보는 실험을 통하여 암석의 생성 환경을 추리하게 된다. 암석을 보면 결정이 커서 육안이나 돋보기로 관찰 가능한 것도 있지만 돋보기로도 보이지 않는 작은 것도 있다. 암석 결정의 크기는 마그마가 식은 위치에 따라 다르다. 지표면에서 급격히 식을 경우에는 알갱이가 아주 작아 육안으로 식별하기가 어렵다. 그러나 지하 깊숙한 곳에서 식을 경우에는 큰 결정을 생성한다. 화강암은 알갱이의 크기가 매우 크므로 지하 깊숙한 곳에서 생성되었음을 예상할 수 있다(심성암). 반면 현무암은 암석의 알갱이의 크기가 매우 작아 관찰이 거의 어려우므로 마그마가 급격하게 식으면서 생성되었음을 예상할 수 있다.

39 사막에서 물을 얻을 수 있는 방법

정답

1 낮 동안 해가 떠서 기온이 올라가면 모래 속에 포함되어 있던 수분이 증발된다. 이 상태에서 늦은 오후 웅덩이 위에 비닐을 덮어 놓으면 다음날 아침 해가 뜨기 전까지 기온이 내려간다. 이때 증발된 수증기가 비닐에 닿아 응결되면 물방울이 된다. 이렇게 생긴 물방울이 많아지면 물은 비닐을 타고 흘러내려서 물받이 통에 모인다.

2 • 아침에 이슬이 맺힌다.
　• 음식 배달 시 포장되는 랩 아래 물방울이 맺힌다.
　• 겨울에 차를 타고 갈 때 창문이 뿌옇게 흐려진다.

해설

물질은 분자로 이루어져 있으며 분자의 배열 상태에 따라 고체, 액체, 기체로 존재한다. 이러한 분자 배열은 온도 차이에 따른 열의 출입으로 변한다. 사막에서는 밤과 낮의 높은 온도 차이로 인해 모래 속의 수분이 기화되었다가 다시 액화되는 상태 변화가 일어난다. 공기 중에는 우리 눈에 보이지 않는 수증기가 항상 존재하며, 공기 중의 수증기가 차가운 비닐에 닿아 물로 변한 것이므로 액화이다. 땅속에서 올라온 수증기가 햇빛을 받아 날아가기 전에 비닐이 더 빨리 식어서 차가워지므로 물 분자의 열을 빼앗아 물방울로 만들어져 그릇 속에 담긴다.

40 우리가 공기의 무게를 느끼지 못하는 이유

정답

1 몸 밖에서 우리를 누르는 기압과 같은 크기의 압력이 우리 몸 안에서 바깥쪽으로 작용해 평형을 이루고 있기 때문이다.

2 공기의 무게, 즉 기압은 공기가 분자 운동하면서 벽을 치는 것을 말한다. 공기의 분자 운동은 방향이 일정하지 않고 모든 방향으로 작용하므로 기압도 마찬가지로 모든 방향으로 작용한다.

해설

기압의 크기는 공기의 무게가 무거운지 가벼운지 알려준다. 특별히 무거운 공기와 가벼운 공기가 따로 있는 것은 아니다. 똑같은 크기의 공간에 공기의 양이 많으면 더 무거워지는 것이고, 공기의 양이 적으면 더 가벼워지는 것이다. 엘리베이터 안에 많은 사람이 타면 엘리베이터가 더 무거워지는 것과 같다.

융합 정답 및 해설

41 윗접시저울을 이용한 부력 실험

정답

1 기울지 않고 수평을 유지한다. 나뭇조각은 자신의 무게만큼 위쪽으로 부력을 받고, 받은 부력만큼 힘이 아래쪽으로 작용한다.

2 손가락을 넣은 쪽(왼쪽)으로 기운다. 손가락을 넣으면 손가락이 밀어낸 물의 무게만큼 부력을 받고, 그 부력만큼 힘이 아래로 작용하여 왼쪽 접시에 작용하는 총 무게는 증가한다.

해설

1 설탕은 물에 녹아서 보이지 않지만 그것은 물 분자 속에 들어간 것이고 없어진 것이 아니다. 즉, 설탕의 무게만큼 물은 무거워진다. 그리고 나뭇조각을 물 위에 띄워도 나뭇조각은 받은 부력만큼 아래로 힘을 작용하기 때문에 물과 나뭇조각의 무게는 변하지 않는다. 따라서 윗접시저울은 수평을 이룬다.

2 물에 뜨는 물체는 물을 밀어낸 부피만큼 물의 무게와 같은 부력을 위로 받는다. 그리고 물에 뜨는 물체는 부력만큼 반대 방향으로 물에 힘을 가한다. 따라서 손가락이 물에 들어간 부피만큼 물의 양이 많아졌다고 생각하면 이해하기 쉽다.

42 어느 쪽의 식물이 더 오래 살까?

정답

1 (다)의 쥐가 더 오래 산다.
(다)의 쥐는 식물이 광합성을 통해 배출한 산소를 공급받으므로 (가)의 쥐보다 더 오래 산다.

2 (가)의 쥐가 더 오래 산다.
식물은 빛이 없으면 광합성을 하지 않고 산소를 흡입하고 이산화 탄소를 배출하는 호흡을 하므로 (가)의 쥐가 오래 산다.

3 (다)의 식물이 더 오래 산다.
(다)의 식물은 쥐가 호흡해서 배출하는 이산화 탄소로 광합성을 더 많이 할 수 있으므로 (나)의 식물보다 더 오래 산다.

43 과일을 오래 보관하는 방법

정답

1 물이 얼면서 열을 내보내기 때문에 사과나 배가 어는 것을 막아 준다.

2 그늘진 곳에 말려서 보관한다. 수분이 제거되면 썩지 않게 오래 보관할 수 있다.

해설

1 에스키모들이 이글루에 물을 뿌려 놓는다. 그 이유는 물이 얼면서 열을 내보내기 때문에 주변의 온도가 높아져 이글루 안이 따뜻하게 된다. 이것처럼 광에 물을 같이 넣어 두면 물이 얼면서 그 안에 있는 사과나 배가 어는 것을 막아 줄 수 있다.

2 쉽게 물러지는 감이나 자두 등은 그늘진 곳에서 말리면 수분이 제거되므로 썩지 않게 오래 보관할 수 있다. 음식물은 부패될 때 수분이 필요한데 수분을 제거함으로써 음식물이 썩는 것을 방지할 수 있다.

44 무거운 구슬이 쌀 위로 올라가는 이유

정답

1 유리병을 흔들면 쌀알 사이의 공간이 줄어들면서 쌀알끼리 밀착되고 같은 시간에 같은 공간을 두 물질이 차지할 수 없다. 따라서 쌀알들이 더 촘촘히 쌓이면 구슬이 점차 표면 쪽으로 밀려 올라오게 된다.

2 달은 지구의 중력보다 작지만, 중력이 작용하므로 유리병을 흔들면 쌀알끼리 밀착되는 현상에 의해 구슬은 점차 표면 쪽으로 밀려 올라오게 된다.

해설

쌀알 사이에는 공간이 있다. 유리병을 흔들면 이 공간이 줄어들면서 쌀알끼리 밀착된다. 중력에 의해 아래쪽에 있는 쌀알들이 먼저 밀착되고, 쌀알들이 밀착될수록 쌀은 구슬을 위쪽으로 민다. 두 가지 종류의 물질이 같은 시간에 같은 공간을 차지할 수는 없기 때문이다. 쌀알들이 더 촘촘히 쌓이면 구슬이 차지할 공간이 적어지기 때문에 점차 구슬이 표면 쪽으로 밀려 올라오게 된다. 따라서 더 무거운 구슬이 가벼운 쌀알에 밀려 위로 올라오게 되는 것이다. 위로 올라온 구슬을 다시 뒤집어서 흔들면 마찬가지로 구슬은 표면으로 올라온다. 몇 번이고 반복해도 마찬가지 결과가 나타난다.

물이 가득 차 있는 욕조에 사람이 들어가면 물이 흘러 넘치는 이유 또한 마찬가지 현상이다. 물과 사람은 쌀알과 구슬처럼 같은 시간에 같은 공간을 차지할 수 없기 때문에 사람이 차지하는 공간만큼 물은 욕조 밖으로 넘쳐흐르게 된다. 이것을 이용하면 물체의 부피를 알아낼 수 있다.

달의 중력은 지구의 중력의 $\frac{1}{6}$ 정도이지만 중력이 작용하므로 유리병을 흔들면 쌀알끼리 밀착되려는 현상이 나타나 구슬은 쌀 위로 올라온다. 단, 중력이 약해서 올라오는 데 많은 시간이 걸릴 것이다.

45 원숭이가 줄에 매달린 바나나를 먹을 수 있을까?

정답

1 옳지 않다.
줄을 타고 위로 올라갈 때 바나나도 위로 올라가기 때문이다.

2 옳지 않다.
• 줄을 타고 아래로 내려갈 때 바나나도 내려가기 때문이다.
• 만약 원숭이가 아래로 내려갈 때 바나나가 위로 올라간다 해도 원숭이와 바나나는 거리가 떨어져 있으므로 바나나를 따 먹을 수 없다.

3 옳다.
원숭이와 바나나는 똑같은 운동을 하기 때문에 원숭이는 바나나를 따 먹을 수 없다.

4 옳지 않다.
원숭이와 바나나는 둘 다 자유 낙하를 해 원숭이와 바나나 사이의 거리는 일정하기 때문이다.

해설

처음에 원숭이와 바나나는 정지해 있었고, 둘의 가속도는 같으므로 원숭이와 바나나는 똑같은 운동을 한다. 즉, 원숭이가 올라가면 바나나도 올라가고 원숭이가 내려가면 바나나도 내려간다. 원숭이가 자유 낙하하면 바나나도 자유 낙하하고, 원숭이가 위로 가속하면 바나나도 똑같이 위로 가속하기 때문에 원숭이는 바나나를 따 먹을 수 없다.

46 비눗물의 거품이 잘 안 터지는 이유

정답

1 물에 비누가 녹으면 물 분자(입자) 간의 힘이 약해진다. 즉, 표면장력이 약해지므로 물이 방울지지 않고 넓게 퍼질 수 있다. 따라서 거품의 크기를 크게 만들 수 있다.

2 거품을 구성하는 물은 증발하여 거품을 터트린다. 하지만 비눗물에서는 비누가 물이 증발하는 것을 방해하기 때문에 오랜 시간이 지나 터진다.

47 물이 끓을 때 생기는 기포의 변화

정답

1 • 기포의 주성분: 수증기
   • 발생 원인: 물이 기화하기 때문이다.

2 기포(공기)가 위로 올라갈수록 수압이 작아지고, 수압이 작아질수록 기체의 부피는 커지기 때문이다.

3 물속에서는 외부 압력을 고르게 받지만 표면에 올라오게 되면 외부 압력이 작아져 터지게 된다.

해설

물을 비커에 넣고 가열하면 비커 바닥에 있는 물이 먼저 가열되므로 물이 열을 얻어 수증기가 된다. 그 수증기는 수증기를 누르는 수압 때문에 기포가 작지만 위로 올라갈수록 기포를 누르는 수압이 작아지므로 기포는 점점 커진다. 기포가 물 표면에 도달하면 수압은 없어지고 공기의 압력보다 작기 때문에 기포가 터지게 된다.

48 옥수수가 튀겨져 팝콘이 되는 이유

정답

1 옥수수 속에 있는 수분이 기화하면 부피가 크게 늘어나 껍질을 터트리고 튀겨진다.

2 옥수수 껍질에 구멍이나 흠집이 있거나 옥수수 속에 있는 수분의 양이 적기 때문이다.

해설

옥수수가 열을 받으면 서서히 부피가 늘어나 움직이고 소리가 난다. 잠시 후 '퍼퍼퍽!'하고 튀어 오르는 팝콘을 바라보며 또 한 번의 재미를 느끼게 될 것이다. 다 튀겨진 옥수수는 움직이거나 소리를 내지 않는다. 날옥수수가 튀겨지면 팝콘이 되는 까닭은 다음과 같다. 옥수수 속에는 약간의 수분이 포함되어 있어 센 열을 받으면 수분이 기화하여 부피가 늘어나게 된다. 이때 옥수수알 속의 압력이 커져 껍질을 터트리고 튀겨진다. 옥수수를 이루고 있는 녹말이 수증기에 의해 터질 때 밖으로 나오기 때문에 희고 부드러운 팝콘이 된다. 그런데 미국 퍼듀대학의 한 연구에서 옥수수 알갱이의 껍질에 흠집이 없고 완전할수록 팝콘이 잘 튀겨진다는 결과가 나왔다고 AP통신이 보도했다. 그동안은 옥수수 육질에 약 15%의 수분이 함유되어 있으면 최상의 팝콘이 된다는 것이 정설이었다. 그러나 이번 연구에서는 팝콘이 튀겨질 때 옥수수 껍질이 마치 압력 밥솥 같은 역할을 해 주어 알갱이 내부의 수증기와 열을 일정 수준까지 지탱해야 팝콘이 제대로 크게 터진다는 것이 밝혀졌다. 껍질에 구멍이나 흠집이 있으면 열을 가해도 압력이 생성되지 않고 육질 내부의 수증기가 그냥 빠져나가기 때문에 팝콘이 만들어지지 않는다. 결국 맛있는 팝콘을 만들기 위해서는 껍질에 탄력이 있는 품종의 옥수수를 선택해야 한다는 결과가 나온 셈이다. 이 실험을 실시한 퍼듀대학의 식품 공학과 브루스 해머커 교수는 인디애나 주에서 키운 옥수수 14종을 대상으로 옥수수 알갱이의 표피와 팝콘 완성도의 상관관계를 조사한 결과, 이 같은 실험 결과가 나타났다고 밝혔다.

49 전구의 불을 밝히는 고구마 전지

정답

1 TV 광고에 나오는 귤이나 오렌지 전지로 불을 밝힐 때 쓰는 꼬마전구는 낮은 전압에서 불이 들어오는 전구이다. 이러한 전구를 구할 수 없기 때문이다.

2 아연과 구리가 전자를 내놓는 능력이 다르기 때문에 아연판에서 생긴 전자가 구리판으로 이동하면서 전류가 흐른다.

3 생고구마에 열을 가하면 세포액이 흘러나오기 때문이다.

해설

TV 광고에서 선보인 귤 전지를 보고 '멋지게 불이 들어오는 귤 전지를 나도 만들 수 있을 거야.'라며 많은 사람들이 시도해 보았을 것이다. 그러나 애써 구한 구리판과 아연판으로는 실험에 성공할 수 없었고, 우리에게 많은 실망을 안겨 주었다. 그것은 귤에 연결시켜 불이 들어올 수 있는 꼬마전구를 찾을 수 없기 때문이었다. 시중에서 팔고 있는 3볼트용 꼬마전구를 사용해서는 아무리 해도 불이 들어오지 않는다. 그러나 귤뿐 아니라 고구마로도 시계를 움직이게 할 수 있고, 꼬마전구에 불이 들어오게 할 수 있는 비법이 있다. 생고구마를 씹으면 단물이 입 안 가득 고이게 된다. 이 용액 속에는 전류를 통하게 해 주는 물질, 즉 전해질이 들어 있다. 고구마에 서로 다른 금속을 두 극으로 세우고 도선을 연결하면 잠시 후 전류가 흐르게 된다. 그 이유는 금속에 따라 전자를 내놓는 능력이 서로 다르기 때문이다. 아연판과 구리판이 어떤 과정을 거쳐 전류가 흐르게 되는지 알아보면 다음과 같다. 아연은 전자를 잃고 이온이 되어 고구마에 녹아 들어간다. 아연판에서 만들어진 전자는 도선을 타고 구리판 쪽으로 흐르게 된다. 구리판에 쌓인 전자는 전해질 속의 수소 이온과 반응하여 수소 기체를 만들어 날아가 버린다. 이렇게 해서 전류가 흐르는데, 전류의 세기는 두 극을 이루는 금속의 이

온화 경향의 차이, 두 극판과 고구마의 접촉 면적, 두 극 사이의 거리 등에 따라 달라진다. 또한, 생고구마를 구우면 군고구마가 되는데, 이 과정에서 고구마를 이루는 생체세포 속의 세포막에 갇혀 있던 세포액이 흘러나와 축축해진다. 이 세포액에는 전류를 흘려보낼 수 있는 전해질이 들어 있어 발광 다이오드의 불빛은 더 밝아지게 된다.

50 유리 상자 안에 물을 담은 작은 그릇을 넣으면?

정답

1 물이 증발하여 유리 상자 안의 공기에 포함되었기 때문이다.

2 유리 상자 안의 공기에 포함될 수 있는 수증기량이 한정되어 있기 때문이다.

해설

물이 증발하면 사라지거나 그릇으로 스며드는 것이 아니라 눈에 보이지 않는 작은 알갱이가 되어 공기 속에 있게 된다. 이 실험에서는 유리 상자로 막아 두었으므로 그릇 안의 사라진 물이 증발하여 유리 상자 안의 공기 중에 물 알갱이들이 포함되어 있는 것이다. 그러나 더 이상 작은 그릇 안의 물이 줄어들지 않는 이유는 유리 상자 안의 공기 중에 포함될 수 있는 수증기량이 한정되어 있기 때문이다.

1

모범답안

6, 7, 8

🔍 해설

배추흰나비 애벌레 한 마리가 17일째 세 번째 케일을 먹고 있었고, 처음 4개의 케일의 잎의 수가 모두 같다.

배추흰나비 애벌레가 17일째 세 번째 케일로 이동했으면 16일 동안 케일 2개의 잎을 모두 먹었으므로 케일 1개에 있는 잎의 수는 8장이다.

배추흰나비 애벌레가 15일째 세 번째 케일로 이동했으면 14일 동안 케일 2개의 잎을 모두 먹었으므로 케일 1개에 있는 잎의 수는 7장이다.

배추흰나비 애벌레가 13일째 세 번째 케일로 이동했으면 12일 동안 케일 2개의 잎을 모두 먹었으므로 케일 1개에 있는 잎의 수는 6장이다.

배추흰나비 애벌레가 11일째 세 번째 케일로 이동했으면 10일 동안 케일 2개의 잎을 모두 먹었으므로 케일 1개에 있는 잎의 수는 5장이다. 이때 17일째 세 번째 케일에 있었으므로 세 번째 케일의 잎의 수는 7장이 되어 성립하지 않는다.

따라서 케일 1개에 있는 잎의 수가 될 수 있는 수는 6, 7, 8이다.

2

모범답안

• 주사위를 2번 던졌을 때, 처음 나온 눈의 수가 두 번째 나온 눈의 수보다 크면 두 수의 차가 점수이다.
• 주사위를 2번 던져 나온 두 눈의 수가 같으면 두 수를 합한 값이 점수이다.
• 주사위를 2번 던졌을 때, 처음 나온 눈의 수가 두 번째 나온 눈의 수보다 작으면 두 수를 곱한 값이 점수이다.

🔍 해설

• 1회에서 5-2=3, 5회에서 6-3=3이므로, 주사위를 2번 던졌을 때 처음 나온 수가 두 번째 나온 수보다 크면 두 수의 차가 점수이다.
• 3회에서 2+2=4, 6회에서 4+4=8이므로, 주사위를 2번 던져 나온 두 눈의 수가 같으면 두 수를 합한 값이 점수이다.
• 2회에서 1×4=4, 4회에서 4×6=24이므로, 주사위를 2번 던졌을 때 처음 나온 수가 두 번째 나온 수보다 작으면 두 수를 곱한 값이 점수이다.

3

(1) 81개

(2) 81개

🔍 해설

(1) 규칙 ②에 의해 만들어진 무늬에서 정사각형의 한 변이 지름인 원은 각 꼭짓점을 중심으로 모두 4개 그려진다. 이와 같은 무늬 100개를 이어 붙여 큰 정사각형을 만들면 가로와 세로에 각각 10개씩 그려지고, 정사각형의 한 변이 지름인 원은 무늬 4개가 맞닿은 곳에 그려진다.

따라서 가로 방향으로 9개, 세로 방향으로 9개씩 그려지므로 총 $9 \times 9 = 81$ (개) 그려진다.

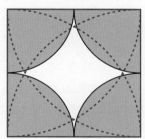

(2) 규칙 ③에 의해 만들어진 무늬에서 정사각형의 한 변이 반지름인 원은 각 꼭짓점을 중심으로 모두 4개 그려진다. 이와 같은 무늬 100개를 이어 붙여 큰 정사각형을 만들면 가로와 세로에 각각 10개씩 그려지고, 정사각형의 한 변이 반지름인 원은 무늬 4개가 맞닿은 곳에 그려진다.

따라서 가로 방향으로 9개, 세로 방향으로 9개씩 그려지므로 총 $9 \times 9 = 81$ (개) 그려진다.

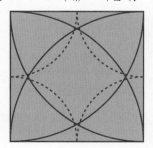

4

모범답안

구분	A	B	C	D	E	F
알파벳에 해당하는 숫자	6	5	2	3	4	1

🔍 해설

하나만 연결된 것은 F와 1이므로 F는 1이다.

그 다음 연결된 것은 F−A, 1−6이므로 A는 6이다.

A에 연결된 B와 6에 연결된 5는 같이 하나로 연결되어 있으므로 B는 5이다.

그 다음 B와 연결된 것은 E이고, 5에 연결된 것은 4이므로 E는 4이다.

A에 연결된 D와 6에 연결된 3은 같은 형태이므로 D는 3이다.

D, E와 삼각형을 이루는 것은 C이고 3, 4와 삼각형을 이루는 것은 2이므로 C는 2이다.

5

예시답안

(1)

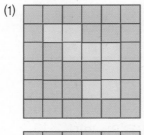

(2)

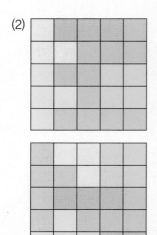

🔍 **해설**

예시답안 이외의 다른 여러 가지 방법으로 채울 수 있다.

6

예시답안

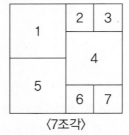

〈7조각〉 〈8조각〉

〈10조각〉 〈13조각〉

🔍 **해설**

조건에 맞게 정사각형의 개수를 찾도록 한다. 예시답안 이외의 여러 가지 방법으로 정사각형을 나눌 수 있다. 이때 정사각형의 위치는 달라질 수 있지만, 정사각형은 겹쳐질 수 없다.

7

예시답안

(1)

1	3	6	7	8
2	4	9	10	11
5	12	13	14	15
16	17	18	19	20
21	22	23	24	25

(2)

1	2	5	6	7
3	4	10	11	12
8	13	14	15	16
9	17	18	19	20
21	22	23	24	25

(3)

1	2	3	6	7
4	5	8	9	10
11	12	13	14	15
16	17	18	19	20
21	22	23	24	25

(4)

1	6	7	8	9
2	10	11	12	13
3	14	15	16	17
4	18	19	20	21
5	22	23	24	25

🔍 해설

예시답안 이외의 다른 여러 가지 방법으로 채울 수 있다.

8

모범답안

현무암이 더 무겁다. 현무암은 화강암에 비해 철이나 마그네슘 등의 무거운 물질을 많이 포함하고 있기 때문이다.

🔍 해설

밀도는 단위 부피에 대한 질량으로 물질의 특성이다. 현무암은 공기 구멍이 있어서 언뜻 보기에는 화강암보다 가벼워 보이지만 실제 같은 부피의 화강암과 현무암을 비교하면 현무암이 더 무겁다. 화강암은 산소, 규소, 나트륨와 같이 가벼운 물질을 많이 포함하고 있고 현무암에 비해 조직에 빈틈이 많다. 현무암은 철이나 마그네슘 등의 무거운 물질을 많이 포함하고 있으며 입자가 미세하여 촘촘하게 쌓여서 만들어지므로 밀도가 높다.

9

예시답안

① 응결: 공기 중의 수증기가 차가워져 서로 엉겨 붙어 물방울이 되는 현상

② 응결 현상의 예
- 새벽에 안개가 생긴다.
- 새벽에 풀잎에 이슬이 생긴다.
- 높은 하늘에서 구름이 생긴다.
- 뜨거운 라면을 먹을 때 안경에 김이 서린다.
- 목욕탕에서 뜨거운 물로 샤워를 하면 거울에 김이 서린다.
- 컵에 차가운 음료를 담아놓으면 컵 표면에 물방울이 생긴다.

〈안개〉

〈이슬〉

〈구름〉

〈안경에 서린 김〉

〈샤워부스에 서린 김〉

〈컵 표면 물방울〉

10

예시답안

- 바닷물에서 소금을 빼면 담수가 플러스다.
- 비만인 사람이 살을 빼면 건강이 플러스다.
- 아파트에서 층간 소음을 빼면 행복함이 플러스다.
- 제품에서 과대 포장을 빼면 지구 환경에 플러스다.
- 음식을 포장할 때 공기를 빼면 신선함이 플러스다.
- 길거리에 떨어진 쓰레기를 빼면 깨끗함이 플러스다.
- 생활 속 플라스틱 사용을 빼면 지구 환경에 플러스다.
- 소 방귀에서 메테인 가스를 빼면 지구 환경에 플러스다.
- 공기 중에 떠다니는 미세먼지를 빼면 건강함이 플러스다.
- 콘센트에서 쓰지 않는 플러그를 빼면 전기 절약이 플러스다.

11

① 마그마가 지표로 흘러나와 빠르게 굳어져서 생성되어 알갱이 크기가 작다.
② 마그마가 지표로 흘러나와 빠르게 굳을 때 가스가 빠져나가지 못해서 생긴 크고 작은 구멍이 많이 뚫려 있다.

🔍 해설

현무암은 검은색이나 회색이며 알갱이의 크기가 매우 작고 표면은 매우 거칠거칠하다. 겉 표면에는 크고 작은 구멍이 있다. 현무암의 구멍은 화산이 분출할 때 가스 성분이 빠져나간 자리이다. 현무암은 마그마가 지표로 흘러나와 빠르게 굳어져서 만들어진다. 이때 가스가 빠져나간 자리를 메우기도 전에 굳어 버리기 때문에 구멍이 생긴다.

12

• 오래 저장하는 경우 변질되기 쉽다.
• 엔진을 부식시키는 특징이 있어 엔진의 고장을 유발한다.
• 지구온난화의 주범인 이산화 탄소 배출량이 경유에 비해 적다.
• 폐식용유 등 폐자원의 활용으로 환경오염을 줄이는 효과가 있다.
• 바이오 디젤을 생산하기 위해서는 많은 양의 식물 자원이 필요하다.
• 바이오 디젤은 수중에 유출될 때 경유에 비해 4배 정도 빠르게 생분해된다.
• 식량 자원을 이용한 연료라는 점에서 환경 파괴와 전 세계 식량 공급에 대한 문제점이 있다.
• 지속적인 생산이 가능한 식물로부터 생산되므로 석유와 같은 자원의 고갈 문제가 없다.
• 연료에 황성분이 거의 포함되어 있지 않아서 산성비의 주범인 황산화물을 거의 배출하지 않는다.
• 식물을 재배하기 위한 토지 확보와 기후 변화에 따라 생산량의 변동이 있어 가격의 안정성 확보가 어렵다.

13

모범답안

〈실험 방법〉

① 자석을 이용하여 혼합물에서 쇠구슬을 분리한다.

② 종이컵에 송곳으로 조보다 크고 쥐눈이콩보다 작은 구멍을 뚫어 남은 혼합물에서 조를 분리한다.

③ 종이컵에 송곳으로 쥐눈이콩보다 크고 아몬드보다 작은 구멍을 뚫어 남은 혼합물에서 쥐눈이콩을 분리한다.

④ 수조에 물을 담아 남은 혼합물에서 스티로폼 구와 아몬드를 분리한다.

〈실험 결과〉

① 혼합물에서 자석에 붙는 쇠구슬이 분리된다.

② 알갱이의 크기 차이를 이용하여 조보다 크고 쥐눈이콩보다 작은 구멍으로 조만 분리된다.

③ 알갱이의 크기 차이를 이용하여 쥐눈이콩보다 크고 아몬드보다 작은 구멍으로 쥐눈이콩이 분리된다.

④ 물에 뜨는 성질을 이용하여 물에 뜨는 스티로폼 구와 물에 가라앉는 아몬드가 분리된다.

🔍 해설

자로 혼합물의 알갱이의 크기를 비교하여 알갱이의 크기 차이로 혼합물 분리가 가능하다. 그러나 주어진 문제에서 다양한 방법으로 분류하는 실험을 설계해야 하므로 자석, 물의 부력, 알갱이의 크기 차이 등을 이용하여 분리하는 실험을 설계한다. 물을 처음에 사용하면 혼합물이 물에 다 젖어서 다음 혼합물을 분리할 때 어려움이 있으므로 물은 마지막에 사용한다.

14

예시답안

• 올림푸스 산에 가보고 싶다. 올림푸스 산은 태양계의 행성 중 가장 높은 화산이기 때문이다.

• 화성 극지방의 극관을 조사하여 물이 있는지 분석해 보고 싶다. 학자들에 따라 극관에 물이 있는지 없는지 등 의견이 엇갈리기 때문이다.

• 생물체의 흔적을 찾아보고 싶다. 화성에 착륙한 바이킹 1호와 2호도 생물체를 찾지 못했으므로 최초로 화성의 생물체를 찾은 사람이 되고 싶다.

• 태양전지를 설치하여 전기를 만들고 싶다. 화성은 대기가 두껍지 않으므로 태양전지 효율이 높을 것으로 예상된다. 태양전지에서 만든 전기로 산소와 물을 만들고 냉난방을 해야 하기 때문이다.

• 화성 지하를 연구해 지하수가 있는지 확인해 보고 싶다. 최근에 화성 지하에 지하수 형태의 액체가 존재할 가능성이 크다는 주장이 있어서 직접 확인해 보고 싶다. 물은 생명체가 살아가는 데 꼭 필요한 물질이기 때문이다.

• 이산화 탄소의 농도가 높은 화성 대기에서 식물을 키우며 지구에서 자라는 속도와 비교해 보고 싶다. 식물이 광합성을 하는 데 이산화 탄소가 필요하므로 지구에서보다 이산화 탄소의 농도가 높은 화성에서 식물이 더 빨리 자라는지 알아보고 싶다.

MEMO

시대에듀와 함께 꿈을 키워요!
www.sdedu.co.kr

안쌤의 STEAM + 창의사고력 과학 100제 초등 4학년

초판3쇄 발행	2025년 01월 10일 (인쇄 2024년 11월 19일)
초 판 발 행	2023년 09월 05일 (인쇄 2023년 06월 16일)
발 행 인	박영일
책 임 편 집	이해욱
편 저	안쌤 영재교육연구소
편 집 진 행	이미림
표 지 디 자 인	박수영
편 집 디 자 인	채현주 · 윤아영
발 행 처	(주)시대에듀
출 판 등 록	제 10−1521호
주 소	서울시 마포구 큰우물로 75 [도화동 538 성지 B/D] 9F
전 화	1600−3600
팩 스	02−701−8823
홈 페 이 지	www.sdedu.co.kr
I S B N	979−11−383−4117−2 (64400)
	979−11−383−4115−8 (64400) (세트)
정 가	17,000원

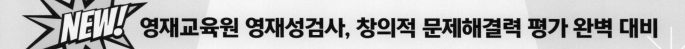

영재교육원 영재성검사, 창의적 문제해결력 평가 완벽 대비

안쌤의
STEAM + 창의사고력
과학 100제 시리즈

과학사고력, 창의사고력, 융합사고력 향상

영재성검사 창의적 문제해결력 평가 기출문제 및 풀이 수록

안쌤의
STEAM
+창의사고력
과학 100제

초등 4학년

시대에듀

발행일 2025년 1월 10일 | **발행인** 박영일 | **책임편집** 이해욱 | **편저** 안쌤 영재교육연구소
발행처 (주)시대에듀 | **등록번호** 제10-1521호 | **대표전화** 1600-3600 | **팩스** (02)701-8823
주소 서울시 마포구 큰우물로 75 [도화동 538 성지B/D] 9F | **학습문의** www.sdedu.co.kr

코딩·SW·AI 이해에 꼭 필요한
초등 코딩 사고력 수학 시리즈

3

- 초등 SW 교육과정 완벽 반영
- 수학을 기반으로 한 SW 융합 학습서
- 초등 컴퓨팅 사고력 + 수학 사고력 동시 향상
- 초등 1~6학년, SW영재교육원 대비

※도서의 이미지와 구성은 변경될 수 있습니다.

4

안쌤의 수·과학 융합 특강

- 초등 교과와 연계된 24가지 주제 수록
- 수학 사고력 + 과학 탐구력 + 융합 사고력 동시 향상

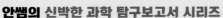

안쌤의 신박한 과학 탐구보고서 시리즈

5

- 모든 실험 영상 QR 수록
- 한 가지 주제에 대한 다양한 탐구보고서

영재성검사 창의적 문제해결력
모의고사 시리즈

6

- 영재교육원 기출문제
- 영재성검사 모의고사 4회분
- 초등 3~6학년, 중등

영재
사고력 수학
단원별 · 유형별
시리즈

전국 각종 수학경시대회 완벽 대비

대학부설 · 교육청 영재교육원 창의적 문제해결력 검사 대비

창의사고력 + 융합사고력 + 수학사고력 동시 향상